Ulrich Völkel

HEIMISCHE TIERE

VÖGEL

GEHEIMNISVOLLE NAMEN,
LEBEN UND MYTHOS

Trotz gewissenhafter Bearbeitung kann eine Haftung für den Inhalt nicht übernommen werden. Für aktuelle Ergänzungen und Anregungen ist der Verlag jederzeit dankbar.
Nachdruck, Vervielfältigung und Verbreitung – auch von Teilen – bedürfen der ausdrücklichen Genehmigung des Verlages.

Bildnachweis

Brehm, Alfred: Brehms Tierleben (S. 49, 148, 158, 177, 178)
Gesner, Conrad: Historia animalium (S. 79, 101, 105, 129)
Meyers Konversationslexikon (S. 45, 72, 113)
Naumann, Johann Friedrich: Naturgeschichte der Vögel Mitteleuropas (S. 8, 12, 16, 20, 24, 24, 32, 36, 40, 44, 48, 52, 56, 60, 64, 68, 76, 80, 84, 88, 92, 96, 100, 104, 108, 11, 116, 120, 124, 128, 132, 136, 140, 144, 149, 152, 156, 160, 164, 168, 172, 176, 180, 184, 188, 192, 196, 200)
wikipedia (gemeinfrei) (S. 43, 50, 55, 59, 63, 67, 78, 89, 109, 147, 151, 161, 169, 201)

Impressum

 © 2012 RhinoVerlag Ilmenau
Dr. Lutz Gebhardt e. K.
98684 Ilmenau, PF 100 564
Tel.: (03677) 46628-0
Fax: (03677) 46628-80
www.rhinoverlag.de

Alle Rechte vorbehalten.

Layout/Satz: Katja Völkel, Dresden
Titelgestaltung: Atelier für Grafik-Design Katharina Kerntopf, Ilmenau
Druck: DZA Druckerei zu Altenburg GmbH, Altenburg
1. Auflage 2012

ISBN: 978-3-939399-44-5

Ulrich Völkel

Heimische Tiere

VÖGEL

Geheimnisvolle Namen, Leben und Mythos

Vorrede des Autors

„Alle Vögel sind schon da…" Gut, alle sind es nicht, aber immerhin 49 zwischen Adler und Zeisig aus der heimischen Vogelwelt habe ich in diesem Buch versammelt. Angefangen hat es mit der Himmelsziege. Den Begriff kannte ich zwar als wenig schmeichelhafte Bezeichnung für eine zänkische Frau, aber woher er stammt, schien mir des Nachfragens nicht wert. Man sagt es eben so. Bis mich eines Tages doch die Neugier packte – oder hatte mich jemand danach gefragt und ich konnte ihm nicht antworten? – und ich nachgelesen habe.

Dass es sich bei der Himmelsziege um einen Vogel handelt, überraschte mich. Die zahlreichen Andersnamen haben mich erheitert. Man sagt zum Beispiel im Saterland Ahlke-Focke-sin-Fugel, im Plattdeutschen Hasspärd (Rastede) oder Bäwerbuck (Jever), Hawerblatt (Holle), Stickup (Münsterland) oder Nedderkenblatt (Hatten). Mit anderen Worten: Die Himmelsziege kennen wir eher unter dem Begriff Bekassine. Wie sie zu ihren vielen Namen gekommen ist und was es mit der Himmelsziege auf sich hat, erzähle ich in diesem Buch

Immer wieder überraschend bis abenteuerlich war für mich herauszufinden, wie sich die Namen der Tiere entwickelt und mitunter in ihrer ursprünglichen Bedeutung gewandelt haben. Warum der Kuckuck Kuckuck heißt und das Rotkehlchen Rotkehlchen, lässt sich leicht nachvollziehen. Aber heißt die Wachtel Wachtel, weil sie über irgendetwas wacht oder der Schwan Schwan, weil ihm etwas schwant?

Wenn die ersten Vögel aus ihren südlichen Quartieren zurückkommen und die Störche laut klappernd wieder ihre alten Nester beziehen, wenn der Amselhahn ruft und Melodien pfeift, die er sich rundum aufgesammelt hat, dann atmen die Menschen auf. Der Winter ist vorbei und „Alle Vögel sind schon da" singen wir mit Heinrich Hoffmann von Fallersleben.

Die Sehnsucht, frei wie ein Vogel durch die Lüfte fliegen zu können, hat die Menschheit seit Jahrtausenden fasziniert. Am schönsten ist dieses Verlangen in der Sage von Dädalus und seinem Sohn Ikarus ausgedrückt. Es hat unzähliger häufig tragisch endende Versuche mit den abenteuerlichsten Flugapparaten erfordert, bis dieser Traum in Erfüllung ging. Und es bedurfte eines gründlichen Studiums der Vögel, um geeignete Geräte zu entwickeln. Inzwischen ist es möglich, Entfernungen zurückzulegen, die kein Vogel je überwinden wird. Der Mond ist kein unerreichbarer Ort mehr. Ferne Planeten und Ziele über unsere Galaxie hinaus werden bereits als nächste Vorhaben berechnet.

Gäbe es keine Vögel – wer weiß, ob wir diese Sehnsucht je gehabt und sie in Gedanken, Märchen und Mythen vorausgeahnt hätten.

In den alten Sagen, wie wir sie von den Ägyptern und Griechen kennen, spielen Vögel eine wichtige Rolle. Der ägyptische Falkengott Horus ist das älteste bekannte Symbol der Sonne. Ähnlich wie der Adler könne er so hoch fliegen, dass er ohne zu blinzeln der Sonne ins Auge zu sehen vermag. Zeus hat sich in eine Taube verwandelt, um Hera zu bezwingen und als Schwan gelang es ihm, Leda zu verführen. Der nordische Göttervater Odin verdankt sein Wissen den Raben Hugin und Munin, die, auf seinen Schultern sitzend, ihm alles erzählen, was in der Welt geschieht. Und war es nicht eine Taube, die laut Altem Testament Noah das Ende der Sintflut ankündigte?

Vögel waren und sind gesellige Mitbewohner der Menschen, in den großen Palästen ebenso wie in den Hütten der armen Häusler; hier ein prächtiger Pfau, dort ein sangesfreudiger Gimpel. Hühner versorgen uns mit Eiern, Gänse geben einen schmackhaften Weihnachtsbraten ab, Tauben eignen sich als Botschafter. Vor allem aber erfreuen uns die Vögel mit ihrem herzerfrischenden Gesang. Es war die Nachtigall…

Zu den Mythen kommen die Legenden. Es ist erstaunlich, wozu Vögel dienten und dienen, wenn es um die Heilung von Krankheiten geht. Wem hat noch nicht eine kräftige Hühnersuppe wieder auf die Beine geholfen? Ob ein Vogelherz, zu Pulver verarbeitet und der Angebeteten ins Essen getan, ihre Liebe tatsächlich erregen kann, sei dahingestellt, aber gewiss stimmt es, dass man aus dem Verhalten der Vögel erkennen kann, ob und wie sich das Wetter ändert oder sich sogar ein Erdbeben erahnen lässt.

Mit meinem Buch will ich versuchen, ein wenig über die Entstehungsgeschichte und Etymologie der Vogelnamen zu erzählen, aus dem reichen Fundus alter Mythen zu schöpfen und das Wissen über unsere fliegenden Mitbewohner dieser Erde ein bisschen zu vertiefen.

Mein „Rundflug" durch die heimische Vogelwelt hat mir manche Überraschung beschert und allerlei Freude bereitet. Vielleicht gelingt es mir, den geneigten Leser anzuregen, sich selbst einmal umzusehen und umzuhören, was die Spatzen von den Dächern pfeifen.

Ulrich Völkel

Weimar, im Frühjahr 2012

Inhaltsverzeichnis

Vorrede des Autors
Seite 5

Inhaltsverzeichnis
Seite 7

Von Adler bis Zeisg
Seiten 8 bis 203

Erwähnte Persönlichkeiten
Seiten 204 bis 205

Verzeichnis der beschriebenen Tiere
(deutsch und lateinisch)
Seite 206

Erwähnte und benutzte Literatur
Seite 207

Adler

Steinadler (Aquila chrysaetos)

Das Tier

Der Steinadler *(Aquila chrysaetos)* ist eine große Greifvogelart innerhalb der Familie der Habichtartigen *(Accipitridae)*. Er bevorzugt offene und halboffene Landschaften im gesamten nichttropischen Bereich der nördlichen

Halbkugel. Die Vögel wurden allerdings durch die Jagd stark dezimiert, deshalb kommen sie in vielen Teilen Europas nur noch in Gebirgsgegenden vor. In Deutschland brüten sie in den Alpen. Sie zählen zu den größten Vertretern ihrer Gattung. Die weiblichen Tiere können eine Körperlänge bis zu einem Meter erreichen, während die männlichen etwa ein Zehntel kleiner sind. Die Spannweite der weiblichen Tiere liegt zwischen 200 und 230 Zentimeter, ihr Gewicht zwischen 3,8 bis 6,7 Kilogramm.

Steinadler haben elf Handschwingen, deren äußerste sehr klein, die sechste mit knapp 60 Zentimetern die längste ist. Die 17 Armschwingen sind 35 bis 40 Zentimeter lang. Der Schwanz besteht aus zwölf Steuerfedern mit 34 bis 42 Zentimetern Länge. Das Gefieder hat eine einheitliche dunkle Grundfarbe. Der Nacken ist goldgelb. Der Schwanz der erst mit fünf bis sieben Jahren erwachsenen Tiere – mit einigen helleren Bändern durchsetzt – ist braun. Die Beine sind bis zu den sehr kräftigen gelben Zehen befiedert.

DER NAME

Die Bezeichnung Adler ist sprachgeschichtlich eine Zusammenziehung des Wortes Edelaar (mhd. *adel-ar*), wie man im 12. Jahrhundert, als die Falknerei Mode wurde, für den edlen Jagdvogel zur Unterscheidung vom gewöhnlichen Aar sagte. Unter einem Aar (mhd. *ar*) verstand man weniger edle Jagdvögel wie Bussard und Sperber.

Der indogermanische Vogelname Aar (ahd. *aro*, mhd. *ar*) wurde seither bis ins 18. Jahrhundert als selbstständiges Wort kaum gebraucht. Er kehrte allerdings poetisch aufgewertet wieder in den Sprachgebrauch zurück und wird auch heute noch als gehobenes Wort für Adler verwendet.

In verschiedenen europäischen Sprachen findet sich die Wurzel wieder, so im altengl. *earn* oder dem russischen *orël*, aber auch im griechischen Wort *ornis* (= Vogel).

Das Duden-Herkunftswörterbuch verweist auf den Vogelnamen Sperber, entstanden aus dem Wort Sperlings-Aar (ahd. *sperwari*).

Als weitere Namen nennt Brehm: Goldadler, Gemeiner, Schwarzer, Brauner, Ringelschwänziger Adler, Stockadler, Bergadler, Hasenadler oder Raufußadler.

Der Gattungsname *Aquila* (lat. *aquilus* = schwärzlich, dunkelfarben) meint die Farbe des Gefieders. Die Beifügung *chrysaetos* ist abgeleitet vom griech. *chrysous* bzw. *chryseios* für goldfarben und bezieht sich ebenfalls auf die Färbung des Greifvogels (siehe „Goldadler").

Die Legende

Der majestätische Greifvogel spielt in den Sagen und Mythen der Völker eine große Rolle, auch als Wappentier und Symbol kaiserlicher Macht bis hin zum Bundesadler Deutschlands, Österreichs oder Tirols.

Im Zedlerschen Universallexikon des 18. Jahrhunderts wird der Adler ausführlich, aber mit manch merkwürdiger Beschreibung charakterisiert: *Er hat einen langen und krummgebogenen Schnabel, eine krummgebogene oder hoggerichte Nase, der Schnabel ist an der Spitze schwarz, und in der Mitten bläulich, sonst sehr hart und vest, wird aber hernach in dem Alter schwach, fähret gleichwohl in dem Wachsen, wie auch die Klauen, biß in das Alter immer fort, biß er endlich zuwächst, und dadurch am Fressen verhindert wird. Nun meinen zwar einige, daß der Adler zu selbiger Zeit gar nichts geniesse, und die Natur diesem Vogel deswegen einen krummen eingebogenen Schnabel gegeben habe, um den anderen Thieren nicht alles wegzufressen, dennoch versichert Aelianus, daß, ob er wohl ziemlich fasten könne, er doch sein Leben durch das Geträncke erhalte, welches er theils sich selbst sucht, meistentheils aber von seinen Jungen erhält, welche ihn indessen erquicken und ernehren, bis er sich selbst geholfen, und von seinem krummen Schnabel befreyet, den er so lange wider einen Felsen schlägt, biß die obere Krümme davon abspringt.*

In der Wiener Hofburg soll es einen Adler gegeben haben, der 104 Jahre (von 1615 bis 1719) alt geworden ist, ein anderer in Schönbrunn, der 1809 starb, soll es immerhin auf fast 80 Jahre gebracht haben. Napoleon gab seinem Sohn, dem Herzog von Reichstadt, den Beinamen l'Aiglon (der kleine Adler).

In den europäischen Hochgebirgen Tirols und Oberbayerns galten Schwingen und Krallen des Adlers als besonderer Schmuck. In China wurden Kopf und Krallen zu Arzneimitteln verarbeitet und die Schwingen zur Herstellung von Fächern und zur Befiederung der Pfeile genutzt. Die Mongolen sollen sie als Opfergaben dargebracht haben. Nach Plinius erziehen die Adler ihre Jungen in die Sonne zu schauen, weswegen die Galle des Adlers vermischt mit Honig als Heilmittel bei geschwächtem Sehvermögen galt.

Ein riesengroßer Adler, Garudha oder Gaegueshvara (das ist der Fürst der Vögel) genannt, diente dem indischen Gott Vishnu als Reittier. Auf einer tarsischen Münze erscheint der Adler über dem Scheiterhaufen des Herakles, der jährlich zu seiner Ehre angezündet wurde, als Sinnbild der sich aufschwingenden Seele. Das folgt dem Glauben, dass sich ein alternder

Adler nach dem Bad in einer Quelle der Sonnenwärme aussetze, um sich zu verjüngen. Persischen Prinzen wurden die Nasen in die Form einer Adlernase gekrümmt, um anzudeuten, dass sie künftige Herrscher seien.

Wahrscheinlich geht die Form griechischer Tempelgiebel auf das Vorbild eines Adlers mit leicht ausgebreiteten, hängenden Flügeln zurück, was mit der griechischen Benennung *(aetos* = Adler, *aetoi, aetōmata* = Giebel des Tempels) desselben belegt wird.

Adlerfedern hatten eine große Bedeutung bei den Indianern. Aber nur derjenige durfte sich mit ihnen schmücken, der sich durch besonderen Mut hervorgetan hatte. In der germanischen Götterwelt ist es der einem Adler ähnliche Hræsvelgr (= der Aasverschlinger), der am nördlichen Himmelsrand sitzend den Wind erzeugt, wie es in der Prosa-Edda heißt: *Am nördlichen Himmelsrand sitzt der Riese, der Hräswelg heißt. Er hat die Gestalt eines Adlers, und wenn er die Flügel ausbreitet, so entsteht der Wind unter seinen Schwingen.*

In der nordischen Mythologie ist der Adler der Lieblingsvogel des höchsten Gottes. Als Allwissender sitzt er auf dem Lebensbaum, der Esche Yggdrasil.

Ein Sternbild am nördlichen Himmel in der Milchstraße nahe dem Äquator, dessen größter Stern der Atair – ein Stern erster Größe – ist, trägt seinen Namen als Adler des Zeus oder des in einen Adler verwandelten Merops, des Königs der Insel Kos.

Die Griechen und die Römer haben ihren Göttern immer den Adler als Symbol der Weisheit und der Kraft zugesellt. Er bewachte den Thron, trug die mächtigen Blitze, gegen die er gefeit war, und überbrachte göttliche Befehle. Er raubte Ganymed für den Göttervater, begleitete Zeus gegen die Titanen und bestrafte in dessen Auftrag den widerspenstigen Prometheus. Bei den Leichenfeierlichkeiten hochstehender Persönlichkeiten, besonders der römischen Cäsaren, ließ man einen Adler aus dem brennenden Scheiterhaufen auffliegen, der die Seele des Verstorbenen in den Himmel tragen sollte.

Jede römische Legion hatte einen Adler als Heereszeichen, woraus sich die heraldische Abbildung entwickelte. Als Wappentier ist er am weitesten verbreitet: ganz, halb, doppelt rot, weiß, schwarz oder golden. Der Doppeladler symbolisierte das römisch-deutsche Kaiserreich als ein östliches und ein westliches.

Geht es um den Ausdruck hehrer Gefühle und patriotischer Gesinnung, kommt die Literatur ohne den Adler nicht aus. Ernst Moritz Arndt sagte über den Freiherrn vom Stein: *Da ist ein Adler aufgeflogen, / Der früh dem Sphärenklang gelauscht.*

Amsel

Amsel (Turdus merula).

Das Tier

Die Amsel *(Turdus merula)* gehört in die Familie der Drosseln, Unterordnung Singvögel *(Passeres)*. Sie ist in Europa, mit Ausnahme des hohen Nordens und des äußersten Südostens, einer der am weitesten verbreiteten und bekannten Vögel. In Australien (die ersten Amseln gelangten 1857 nach Melbourne) und Neuseeland wurde sie eingebürgert. In Mitteleuropa verlässt ein Teil der Amselpopulation im Winter das Brutgebiet und zieht nach Südeuropa oder Nordafrika.

Amseln erreichen eine Körperlänge zwischen 24 und 27 Zentimetern. Die schwarz gefärbten Männchen haben einen gelben Schnabel, das Gefieder der Weibchen ist größtenteils dunkelbraun. Die erfindungsreichen Melodien der Männchen sind zwischen Anfang März und Ende Juli zu hören.

Der ursprünglich nur im Wald beheimatete Vogel drang erst in der Mitte des 19. Jahrhunderts in siedlungsnahe Parks und Gärten bis in die Stadtzentren vor. Amseln sind Freibrüter. Sie nisten vorwiegend in Bäumen und Sträuchern. Aber noch im 19. Jahrhundert war bei Krünitz zu lesen: *Dieser angenehme Vogel ... lebt nur in Wäldern, und nährt sich von Gewürm, welche man ihm in Häusern nicht geben kann. Frißt er gleich auch Beeren, und nimmt mit Semmel und Milch gern vorlieb, so läßt er sich dadurch doch nicht bewegen, um solcher Speise willen die Wohnung in den Gebüschen zu verlaßen, und ungezwungen in einem Gemach zu bleiben. Noch weniger ist er zur äussersten Zahmigkeit wohl geschickt; denn, ob er gleich, wenn man ihm einen Wurm oder Beere, die ihm schmecken, auf der Hand zeiget, sich reizen läßt herbei zu kommen, auch sich mit der Hand fangen und auf die Hand setzen läßt, so eilet er doch, wenn er kaum etliche Pfiffe gethan, wieder von der Hand hinweg, und suchet sich zu verbergen. In großen Vogelhäusern dienet er nicht, weil er beißig ist, und die andern Vögel beunruhiget.*

Der Name

Die Herkunft des Vogelnamens ist nicht sicher. Das ahd. *amsala* erscheint auch im engl. *ouzel* und ist entfernt verwandt mit lat. *merula*.

Auch das Grimmsche Wörterbuch gibt nur einen knappen Hinweis: *amsel, f. merula, ahd. amisala, amsala, amfsla, ags. ôsle (wie ôs = ans), engl. ousel, mhd. amsel bei Alberus amschel, und in der Wetterau omschel, in Östreich amachsl, amaxl. Fischart ... schreibt ambsl, H. Sachs amschel: die amschel schweglet auf der fleten.*

Der wissenschaftliche Gattungsname *Turdus* ist das lateinische Wort für Drossel (auch für Krammetsvogel). Der Artname *merula* ist die ebenfalls lateinische Bezeichnung für Merle (mhd. *mëri*) oder Amsel.

In der Krünitzschen Enzyklopädie ist nachzulesen: *Den Nahmen Amsel führen vielerlei Arten Vögel; als: die Schwarz=Amsel, Meer=Amsel, Stein=Amsel, und Wasser=Amsel.*

DIE LEGENDE

Seit die Amseln sich auch in den Siedlungsgebieten der Menschen einfinden, zählen sie vor allem wegen ihres unermüdlichen und melodienreichen Gesangs zu den beliebtesten Vögeln. Dafür spricht auch ein von allen Kindern gern gesungenes Frühlingslied von den Vögeln, die schon alle da sind, wie es bei Heinrich Hoffmann von Fallersleben heißt: *Amsel, Drossel, Fink und Star, und die ganze Vogelschar…*

Früher wurden Amseln für die heimische Küche gefangen und wie Krammetsvögel zubereitet. Davon schreibt Krünitz: *In die großen Vogelhäuser bey den Römern wurden nicht allein Ziemer zur Mästung, sondern auch zugleich Amseln gesetzt, und hielten Einige ihre Brüste, Andere die Steiße höher. Auch ist Platina, in seinem Buche de ratione victus, der Meinung, die Amseln würden langsam verdauet, gäben wenig Nahrung, und mehreten die Melancholie. Auch Galenus, … hält ihr Fleisch härter, als der Hühner, Tauben und Rebhühner.*

Nach altem Glauben wohnten der Amsel magische Kräfte inne. Deshalb galten Häuser, in deren Nähe sich die Vögel aufhielten, vor Blitzschlag sicher. *Wenn eine Amsel im Haus, so bleibt der Blitz daraus.* Fütterte man sie über Winter, brachten sie Glück und verhinderten, dass man Fieber bekam. *Wer Amseln im Winter Futter streut, hat Glück und bleibt vom Fieber befreit.*

Es war aber nicht gut, wenn man auf dem Weg zu einem wichtigen Termin einer Amsel begegnete, denn das galt als ein böses Omen.

In Tirol war der Vogel weniger beliebt, denn man glaubte, er würde die Menschen um einen gesunden Schlaf bringen. Angeblich war an einen gesunden Schlaf nicht zu denken, wenn jemand in böser Absicht ein paar Amselfedern aus dem rechten (der musste es sein!) Flügel ausriss, mit einem noch ungebrauchten roten Faden zusammenband und ins Schlafzimmer hängte.

Anderenorts galt der heimtückische Rat, einem Schlafenden ein Amselherz unters Kopfkissen zu legen, dann würde er alle ihm gestellten Fragen beantworten.

Amselfleisch solle gegen Bauchschmerzen, sogar gegen die Rote Ruhr, Melancholie und gegen einen steifen Hals helfen. Amselkot wirke gegen Hautkrankheiten. *Der Mist mit Eßig vermischt, hebet die Sommer-Sprossen*, vermerkt das Zedlersche Lexikon.

Fest verwurzelt im Volksglauben waren Wetterregeln, die mit Amseln in Verbindung standen. Hielt sich der Vogel drei Tage lang am selben Ort auf, war mit Schnee zu rechnen. Je höher sie ihr Nest baute, desto strenger sollte der Winter werden. Sang sie besonders lang, kündigte das Regen an. Sang sie vor März, würde das Korn teuer. *Singt die Amsel im Februar, so bekommen wir ein teures Jahr.* Die ersten warmen Tage des Jahres nannte man Amseltage, weil dann vor allem die Männchen ihren Gesang anstimmten.

Nach christlicher Vorstellung symbolisierte der schwarz-glänzende Vogel das Prinzip der Finsternis. Das geht auf eine Legende des Mönches Benedikt zurück, dem eine Amsel in seiner Einsamkeit als Teufel begegnet war. Er konnte ihn aber vertreiben, indem er das Zeichen des Kreuzes machte.

Bei den Kelten wurde der Vogel mit Luft in Verbindung gebracht. Die Hebräer nannten die Amsel *chamsa*, das ist die Verborgene.

Der ausgiebige Gesang und das ebenso ausgiebige Balzverhalten brachte ihr den bösen Ruf ein, Verlockung und Fleischeslust zu bedeuten. Sogar Unmoral, Hinterlist und Frechheit wurde dem Vogel angedichtet.

Auffällig ist, dass die Amsel in deutschen Sprichwörtern selten vorkommt. Das mag daran liegen, dass sie erst relativ spät in näheren Kontakt zu den Menschen kam. Man nennt einen unverständigen Menschen eine blinde Amsel. Ist einer schnell bei der Sache, so ist er *flink wie eine Amsel*. Und was dem Deutschen ein weißer Rabe ist, das ist dem Franzosen eine weiße Amsel. Dort sagt man auch: *A merle soûl cerises sont amères.* So ähnlich lautet das deutsche Sprichwort: *Wenn die Amsel satt ist, schmecken die Trauben sauer.*

In einigen Gegenden Deutschlands nennt man Zecher, die betrunken und laut grölend den Heimweg antreten, Bieramsel oder Schnapsdrossel.

In der Zimmerischen Chronik aus dem 16. Jahrhundert findet sich die Weisheit: *Er hat das weib, wie einest einer die amsel, die flog noch in wald.*

Ebenso wie in den Spruchweisheiten spielt die Amsel auch in der deutschen Märchenliteratur kaum eine Rolle. Bei Clemens von Brentano ist im „Märchen vom Murmeltier" die Rede von einer singenden und warnenden Amsel, *die zahm im Haus herumzufliegen pflegte, vor sie auf einen Baum und sang,* deren Lied der gute Biber übersetzen musste. *In dem Badwännlein bist du hergetragen, / Darin mußt du ihm die Füße zwagen; / Dein Vater starb in Leid und Not, / Deine Mutter grämet sich zu Tod. / O weh! du armes Findelkind! / Weißt nicht, wer Vater und Mutter sind.*

Auerhuhn

Auerhuhn (Tetrao urogallus).

Das Tier

Das Auerhuhn *(Tetrao urogallus)* ist der größte Hühnervogel Europas. Er gehört in die Familie der Fasanenartigen *(Phasianidae)*, Ordnung Hühnervögel *(Galliformes)* und lebt in Nadel-, Misch- und Laubwaldzonen von Schottland über Nordeuropa bis in den Osten Zentralsibiriens bis in 1.000 Höhenmeter. In Mitteleuropa ist der Standvogel nur noch selten anzutreffen. In Deutschland steht das Auerhuhn bundesweit als vom Aussterben bedrohte Vogelart auf der „Roten Liste" und unterliegt striktem Jagdverbot.

Die Henne wiegt etwa 2,5 Kilogramm. Sie wird 60 Zentimeter groß und hat eine Flügelspannweite von ungefähr 70 Zentimetern. Ihr oberes Gefieder ist braun gefärbt, mit schwarzen und silbernen Querbändern durchzogen, das untere etwas heller bis gelblicher. Hahn und Henne haben einen weißen Spiegel am Schwingenbug.

Der deutlich größere Hahn mit einem Gewicht von vier bis fünf Kilogramm, einem Meter Größe und einer Flügelspannweite von 90 Zentimetern ist dunkelgrau bis dunkelbraun gefärbt mit einem metallisch glänzenden grünen Brustschild. Vor allem im Winter sind die Füße befiedert, seitlich der Zehen stehen kleine Hornstifte ab (Schneeschuh-Effekt), wovon die Familienbezeichnung Raufußhühner abgeleitet wird. Über den Augen tragen sie eine nackte, auffallend rote Hautstelle, die sogenannte Rose. Sie bewegen sich lieber am Boden fort als dass sie schwerfällig fliegen.

Im Sommer ernähren sich die Auerhähne vor allem von Heidelbeerblättern und Beeren, Grassamen und jungen Sprösslingen. Die Küken sind zunächst auf tierisches Eiweiß in Form von Insekten angewiesen. Im Winter besteht die Nahrung hauptsächlich aus Nadeln und Knospen von Kiefer, Fichte, Tanne und Buche. Zum Aufschließen und Zermahlen der Nahrung nehmen sie Magensteinchen (Gastrolithen) auf.

Sprichwörtlich bekannt ist das Balzverhalten der Auerhähne ab März bis Anfang Juni. Mit einem gefächerten, steil aufgerichteten Schwanz und hochgerecktem Kopf und einem trillernden, sich überschlagenden Balzgesang wirbt der Hahn in der Morgendämmerung von erhöhter Position um seine Hennen. Er verlässt seinen Ast, sobald sich Hennen zeigen, und balzt am Boden weiter. Während der Balz erreicht der Testosteronspiegel des dann sehr aggressiven Auerhahns das Hundertfache seines Normalwerts. Während der Herbstbalz werden aber nur die Balzgebiete für die kommende Saison abgegrenzt.

Veterinärmedizinische Untersuchungen in Schweden haben ergeben, dass sich unter 1.800 Stück Auerwild neun Auerhähne befanden, die durch Verschlucken der Zunge während der Balz erstickt sind, beziehungsweise die Lagerung der Zunge zur Behinderung bei der Äsungsaufnahme und letzthin zum Tod durch Verhungern führte.

Die Hennen legen innerhalb von zehn Tagen acht bis zwölf Eier. Die Brut dauert, abhängig von Witterung und Höhenlage, zwischen 26 und 28 Tage. Die Hennen sind zunächst gegen Störungen sehr empfindlich und verlassen dann oft den Brutplatz. Später ducken sie sich tief in ihr unter Ästen oder Wipfeln verstecktes Nest.

Der Name

Das für die Jagd wichtigere männliche Tier wurde Auerhahn genannt. Die Bezeichnung Auerhuhn ist später für beide genommen worden. Das Wort geht auf mhd. *ūrhan* zurück, das laut Herkunftswörterbuch unter dem Einfluss von mhd. *ūr(e)*, ahd. *ūro* „Auerochse" aus mhd. *orhan* umgebildet worden ist. *Das Bestimmungswort dieser verdeutlichenden Zusammensetzung mhd. or-, ahd. orre- (in orrehuon „Auerhenne") entspricht schwed., norw. orre, aisl. orri „Birkhahn".*

Es besteht ein sprachlicher Zusammenhang mit dem griech. *arsēn* (= männlich), meint also das männliche Tier. Im Altisländischen bedeutete *ūr* Feuchtigkeit, feiner Regen. Das wurde altgermanisch im Sinne von „Befeuchter, Samenspritzer" gebraucht und findet sich auch in dem Wort Urin (lat. *urina*) wieder.

Für die Jagd auf den Auerhahn hat man einst kleine Hunde, sogenannte Auerhahnbeller, eingesetzt, wie man es auch heute noch in den Ardennen und in Norwegen macht. Die Hunde schreckten die Vögel auf, die sich auf Bäume flüchteten, und verbellten sie, bis der Jäger zum Schuss kam.

Der von Linné eingeführte wissenschaftliche Name *Tetrao* ist das lateinische Wort für Auerhahn. In Frankreich sagt man *Grand tétras*, in Portugal heißt der Vogel *tetraz-grande*.

Die Beifügung *urogallus* ist zusammengesetzt aus dem kelt. *urus* (= wild) und dem lat. *gallus* (= Hahn).

Die Legende

Die Aufnahme kleiner Steine zur besseren Verdauung der Winternahrung dürfte der Grund für die Annahme gewesen sein, der *Orhan werfe von dem ewigen Eise der Alpen zuweilen Krystalle herab, auch würden zuweilen kleine Krystalle und Berylle in seinem Kropf gefunden. Diese Vorstellung erinnert auch an den Shamir, von welchem die Talmudisten uns erzählen.*

Von Aschmedai (griech. Asmodäus), einem Dämon aus der Mythologie des Judentums, und Salomon wird berichtet, wie Aschmedai vor den König geführt wird. *Und er nahm ein Maß und maß damit vier Längen auf dem Boden; und sprach zu ihm: König! Wenn du tot bist, und deine Seele von dir gegangen, so ist von der ganzen Erde nur solcher Raum dein. Dabei hielt er ihm vor, dass sein ganzer Reichtum nichts ist, wenn er nicht auch den Fürsten der Engel bezwungen habe. Salomon aber forderte den Schamir, dessen sich Moses bedient hatte, um die Namen der zwölf Stämme auf* die Edelsteine des Brustschildes ihres Hohepriesters zu graben, wozu sonst kein Werkzeug taugte. Salomon wollte dieses diamantharte Fabelwesen, um die Steine seines Tempels zu bearbeiten, denn der Schamir hat, wenn er auch nur so groß ist wie ein Gerstenkorn, die Kraft, Felsen zu sprengen.

Aschmedai antwortete ihm: *Der Schamir ist nicht mir, sondern dem Fürsten des Meeres übergeben; und er gibt denselben niemand als dem Auerhahne, der ihm getreu ist wegen des Eides, den er ihm geschworen hat.* Er nähme ihn mit sich auf die Berge, wo man nicht wohnen kann, bekam der König zu hören. *Dort spalte er die Felsen. Dann bringt er Samen von Bäumen und Kräutern, und wirft sie hinein; und es wird ein Ort, darin zu wohnen.*

Salomon schickte Benaia aus, das Nest des Auerhahnes zu suchen. Der fand es und sah, dass Junge darin waren. Also bedeckte er es *mit hartem weißem Krystall. Und der Auerhahn kam, wollte hinein zu seinen Jungen, vermögte es aber nicht. Deswegen ging er hin, daß er den Schamir holete und den Krystall spaltete. Wie er ihn aber brachte und daran setzte, fing Benaia an überlaut zu schreien, daß der Auerhahn erschrak und den Schamir fallen ließ. Benaia nahm ihn und trug ihn zu Salomon. Der Auerhahn aber ging hin und erwürgte sich selbst, daß er dem Fürsten des Meeres seinen Eid nicht gehalten hätte.*

Der römische Kaiser Gajus Caligula ließ sich einen Tempel errichten und seine Statue als ein Götterbild darin aufstellen. Täglich mussten ihm die schönsten und kostbarsten Vögel zum Opfer gebracht werden, darunter auch immer ein Auerhahn, erzählt Suetonius.

Tertullianus schrieb, dass eine einzige Feder des *Tetrao* genügte, um die Herrlichkeit des Weltschöpfers zu preisen. Plinius rühmte den Auerhahn wegen des Glanzes und der ausgezeichneten Färbung seines Gefieders. Und er schätzte den Geschmack seines Fleisches, der sich aber in der Gefangenschaft verliere. Er lobte den Vogel, der lieber den Atem an sich halte und sterbe, als in der Sklaverei zu leben. Womöglich war damals auch schon bekannt, dass mancher Auerhahn durch seine eigene Zunge zu Tode kam.

Und bei Goethe lesen wir: *Der Ansprung, dann auch die danach benannte Jahrszeit: von der Auerhahnbalz bis zum zweiten Schnepfenstrich.*

Eine weidmännische Redensart findet sich in der Krünitzschen Enzyklopädie: *Der Auerhahn hat seinen Stand;* gemeint ist der Ort seines Aufenthaltes. *Er steigt oder tritt zu Baume, oder vom Baume. Er stehet auf dem Baume oder der Erde.*

Das Balzverhalten des Auerhahns wurde häufig als Vergleich für ein auffälliges Gehabe genommen. So lesen wir bei Christoph Martin Wieland: *Als wie ein taumelnder, lusttrunkner Auerhahn.*

Bekassine

Bekassine (Gallinago gallinago).

Das Tier

Die Bekassine *(Gallinago gallinago)* ist ein Watvogel und gehört zur Familie der Schnepfenvögel, deren weltweit verbreitetste Art sie ist. Der Brut- und Sommervogel ist ein regelmäßiger Durchzügler, von dem sich zum Beispiel in den Niederlanden an geeigneten Rastplätzen bis zu 250.000 Vögel versammeln. Die Bekassine erreicht eine Körperlänge von 28 Zentimetern. Ihr Schnabel ist auffällig lang. Weil die Augen seitlich am Kopf sitzen, verfügt sie über ein sehr großes Sichtfeld. Die Beine des Watvogels sind relativ kurz und kräftig. Die bräunliche Färbung des Gefieders mit deutlichen Längsstreifen auf Kopf und Rumpf bietet eine gute Tarnung. Bei den Jungvögeln sind die Rückenstreifen etwas schmaler und blasser.

Bekassinen sind sehr schnelle Flieger. Charakteristisch für aufgeschreckte Tiere ist ein Flug mit Zickzackwendungen, um Verfolger zu irritieren.

Als Folge der Entwässerung von Feuchtwiesen und Mooren sind die Bestände deutlich geschrumpft.

Die Waldschnepfe *(Scolopax rusticola)* ähnelt der Bekassine, ist aber größer und hat einen kürzeren Schnabel. Sie wird bis zu 38 Zentimeter groß und erreicht eine Flügelspannweite von 65 Zentimetern.

Der Name

Der in der Mitte des 18. Jahrhunderts zu uns gekommene Name Bekassine ist aus der französischen Bezeichnung *bécasse* (= Schnepfe) entlehnt und bezieht sich auf den langen Schnabel des Vogels, denn das lateinische *beccus* bedeutet Schnabel, auf französisch *bec*. Zuerst ist das Fremdwort in Zorns „Petino-Theologie" (1742) belegt. In Preußen sagte man Beckas, in Luxemburg Begeisjen (auch Brach-Schnepfe). In Hugo Suolahtis wortgeschichtlicher Untersuchung der deutschen Vogelnamen (Straßburg 1909) findet sich der Hinweis: *Von den Jägern wird sie insonderheit Beccasse und von den Schriftstellern Capella coelestis genannt.* Capella coelestis ist die ins lateinische rückübersetzte Himmelsziege (siehe unten).

Im allgemeinen Sprachgebrauch wird die Bekassine häufig mit der Schnepfe gleichgesetzt, weshalb einige der nachfolgenden Andersnamen nicht genau zuzuordnen sind. Man sagt in unterschiedlichen Regionen auch Brach-, Bruch-, Fürsten-, Gras-, Haar-, Heer-, Herren-, Ketsch-, Moos- oder Sumpfschnepfe. Die Bezeichnung Herrenschnepfe (und davon abgeleitet Heer- oder Haarschnepfe) sowie Fürstenschnepfe deuten auf das Jagdvorrecht der Herrschaften. Im Mittelalter kannte man auch den Begriff

Rietschnepfe, wie bei dem Minnesänger Heinrich von Meißen (genannt Frauenlob) nachzulesen ist: *der snepfe in deme riede / wil wilde sin.*

Ein altgermanischer Name lautete Hoeferbloete. Hoefer entstand aus dem angelsächsischen Wort für Bock (altn. *hafr,* verwandt mit lat. *caper* = Ziegenbock). Das Wort *bloetan* bedeutete blöken. In Mecklenburg und im Lübecker Raum kennt man Hawerblarr, Hawerbledr (für Bockblöker, Bockmeckerer).

Ket- oder Kettschnepfe ist die lautmalerische Nachahmung des Rufes der Bekassine.

Gelegentlich spricht man von der Bekassine als von einer Himmelsziege. Während der Balzzeit stürzt sich der Hahn aus großer Höhe herab. Dabei werden die 14 äußeren Schwanzfedern einzeln abgespreizt und der Wind „harft" durch sie hindurch, was ein dem Meckern einer Ziege ähnliches Geräusch ergibt.

Von der „Himmelsziege" als Spottname für eine zänkische Frau zu der Bezeichnung „alte Schnepfe" ist es nicht weit, wurden doch vor allem von Studenten die „Damen des horizontalen Gewerbes" wegen ihres herausfordernden Hüftschwungs mit dem beim Laufen deutlich wackelnden Hinterteil einer Schnepfe verglichen.

Die Bekassine heißt im Saterland Ahlke-Focke-sin-Fugel, plattd. Hasspärd (Rastede) oder Bäwerbuck (Jever), Hawerblatt (Holle), Stickup (Münsterland) oder Nedderkenblatt (Hatten). Ein Scherzrätsel in Hatten geht so: *Stickup un Nedderkenblatt, / Ra mal, wo väl Vagels sünd dat?*

Der lat. Gattungs- und Artname *Gallinago gallinago* ist aus den Wörtern *gallina* (= Huhn) und *agere* (= treiben, handeln) gebildet worden. Im Unterschied zur Botanik können in der Zoologie der Gattungsname und der Artname identisch sein. Für die wissenschaftlichen Namen von Tierarten, Gattungen oder Familien gilt seit 1758 das von Carl Linné in seinem Werk „Systema Naturae" begründete binominale Namensgebungssystem.

Die Legende

Das Zedlersche Lexikon beschreibt die Schnepfe/Bekassine ausführlich, die *ein treffliches Essen giebt. Sie führt viel flüchtiges Salz und Oel, und dienet zur Stärckung und Ersetzung der verlorenen Kräffte, auch guten Samen zu machen.* Als besondere Delikatesse pries man den sogenannten Schnepfendreck. Der Vogel wurde mit gefülltem Magen zubereitet.

Unter den Jägern gilt als besonders guter Schütze, wer die meisten Schnepfen erlegt, wobei es sich vermutlich eher um geschossene Bekassinen handelt, die wegen ihres schnellen und ständig die Richtung wechselnden Fluges weitaus schwerer zu treffen sind als die etwas behäbigen Schnepfen. Jedenfalls galt als ausgemacht, dass Schnepfendreck, unters Schießpulver gemischt, besondere Treffsicherheit versprach. Die aufgehängten Köpfe der Vögel sollten Kinder vor bösem Zauber schützen. Eine „meckernde" Bekassine warnte den Bauern, dass seine Pflugschar nicht mehr lange halten würde.

In Böhmen kannte man ein ganz sicheres Mittel gegen Fieber: Man hole eine noch nicht flügge Schnepfe oder Bekassine aus dem Nest, trage sie drei Tage bei sich und bringe sie dann wieder zurück. Die besondere Schwierigkeit bestand darin, ein solches sehr gut getarntes Nest überhaupt zu finden. Und die heilsame Wirkung war vielleicht eine Folge der frischen Waldluft, die man bei der Suche einatmete.

Laut „Handbuch des deutschen Aberglaubens" gilt bei den Isländern die Vorstellung, der *Hrossagaukur,* das ist die Bekassine, könne erst rufen, wenn er von der Nachgeburt einer Stute gefressen habe, wobei es durchaus von Bedeutung ist, ob man den Vogel über oder unter sich rufen hört. Hintergrund dieses auf die Bekassine gemünzten Aberglaubens ist die Tatsache, dass es in Island keinen Kuckuck gibt, und Bräuche, die sonst mit ihm zusammenhängen, auf den Schnepfenvogel übertragen wurden.

Isländische Bauern schließen vom Erscheinen des Vogels im Frühjahr auf die Beständigkeit des Wetters. Und weil der Ruf der Bekassine auch dem Wiehern der Pferde ähnelt, bringt man sie mit den Hexen in Verbindung, die auf ihnen in die Walpurgisnacht reiten.

Der in Jever geborene Ludwig Strackerjan, der auf die verschiedenen in Norddeutschland gebräuchlichen Namen für die Bekassine verweist, schreibt resümierend: *Wenn es nach dem Sprichwort geht: Lewe Kinner hebbt väle Namen, so muß die Himmelziege sehr beliebt sein.*

Günther von Goeckingk dichtete, indem er auf die Spezialität einer Schnepfe (oder Bekassine) verwies: *Wie sonst, sobald mein Butterbrod / Verdaut nur ist, zu Bette gehen, / Wenn eure Köche noch den Koth, / Am Feuer, aus der Schnepfe drehen.*

Emil Sommer, der Sagen und Bräuche aus Sachsen und Thüringen veröffentlichte, schrieb über die Herkunft christlicher Bräuche, indem er ihren „heidnischen" Ursprung untersuchte. *An den grünen Donnerstag und an Himmelfahrt, als die beiden von den Christen gefeierten Donnerstage, wurden Reste des Heidenthums geknüpft, die ursprünglich allgemein vom Tage Thors galten; Thors Wagen aber ziehen zwei Böcke, ihm heilig ist die Donnerziege (die Schnepfe): es scheint mir darum nicht zu gewagt anzunehmen daß sich hier noch eine Erinnerung an Opfer, die Thor empfing, erhalten hat.*

Dompfaff = Gimpel

Dompfaff (Pyrrhula pyrrhula).

Das Tier

Der Dompfaff *(Pyrrhula pyrrhula)* gehört in die Familie der Finken *(Fringillidae)*. Er ist von gedrungener Gestalt mit kurzem Hals, hat eine schwarze Kopfplatte, ein schwarzes Kinn und einen dicken, schwarzen Kegelschnabel. Der Dompfaff erreicht eine Körperlänge von 15 bis 20 und eine Flügelspannweite von 22 bis 26 Zentimetern.

Die männlichen und die weiblichen Tiere unterscheiden sich deutlich. Das Männchen hat einen blaugrauen Rücken. Flügelbinden, Unterbauch, Unterschwanz und Bürzel sind weiß, Wangen, Brust, Flanken und Oberbauch dagegen leuchtend rosenrot.

Das Weibchen hat einen bräunlichgrauen Rücken. Brust, Flanken und Unterseite sind von heller graubrauner Färbung mit einem ganz leichten Stich ins Rötliche.

Der Dompfaff besiedelt Europa, Vorderasien, Ostasien einschließlich Kamtschatka und Japan. Er ernährt sich vor allem von Wildkräutersamen und Knospen.

Der Name

Das auffallend gefärbte Männchen mit seinem roten Federkleid und der schwarzen Kappe gab dem Vogel den Namen Dompfaff, weil er einem rotgewandeten Domherrn ähnelt.

Im Aargau soll einmal ein Mann einen Gimpel, wie der Vogel auch genannt wird, zu einem Chorherrn gebracht haben. Als der fragte, warum der Vogel Dompfaff heiße, antwortete der Mann: „Weil er nicht so schön singt, aber desto mehr frisst."

Der Name Gimpel wird von dem bayerisch-österreichischen Wort *gumpen* (= humpeln, hüpfen) abgeleitet und meint das ungeschickte Hüpfen des Vogels auf ebener Erde. Die Bezeichnung ist nicht gerade schmeichelhaft, weil man unter einem Gimpel einen leichtgläubigen, etwas einfältigen Menschen versteht. Ein Gimpel lässt sich leicht im Netz fangen oder durch den Ruf eines gefangenen Artgenossen anlocken.

Weitere landschaftlich bedingte Namen für den Dompfaff sind: Blutfink (Bloetfink, Blautfink, Blotfink, Blootvenk), Bollenbeißer, Brommeis, Domherr, Giker, Gücker, Goldfink, Goll, Gumpf, Hale, Laubfink, Lohfink, Quietschfink, Rotgimpel, Rotfink, Rotvogel, Pollenbeißer (Knospenbeißer), Schnigel und Schnil. *Dän ös schtols wi ene Gempel,* sagt man in den Rheinbergen.

Der Lockruf des Männchens wie der des Weibchens, ein klagendes Jüg oder Lüi, brachte ihm in Thüringen die Namen Lübich, Lüch, Lüff oder Luh ein.

Der wissenschaftliche Name *Pyrrhula pyrrhula* geht auf das griechische Wort *pyrrhos* (= feuerrot, Feuer tragend; Feuerträger) zurück und bezieht sich auf die Färbung des männlichen Vogels.

Die Legende

Dass man von dem Namen des Gimpels auf seine Intelligenz schließen könne, bestreitet Brehm ganz entschieden, wenn er auch zugesteht, dass der Vogel leicht zu jagen ist. *Doch ist seine Dummheit bei weitem nicht so groß wie die der Kreuzschnäbel; denn obgleich der noch übrige Teil einer Gesellschaft nach dem Schusse, der einen Vogel dieser Art tötet, wieder Platz nimmt: so weiß ich doch kein Beispiel, daß auf den Schuß ein gesunder Gimpel sitzen geblieben wäre, was allerdings bei den Kreuzschnäbeln zuweilen vorkommt.* Und er fährt fort: *Wäre der Gimpel wirklich so dumm, wie man glaubt, wie könnte er Lieder so vollkommen nachpfeifen lernen?*

Diese Musikalität ist dem Vogel allerdings oft zum Verhängnis geworden, denn genau dieses Talent war es (und ist es wohl noch immer), das Jagd auf ihn machen ließ, damit er in einen Käfig gesperrt in eines einsamen Menschen Kammer als Unterhalter missbraucht werden konnte, wenn er nicht, was ein anderer Jagdgrund war, in einer Pfanne landete, um als Delikatesse serviert zu werden.

In gebirgigen Gegenden hat man die noch nicht flüggen Vögel aus den Nestern genommen, um sie schon sehr früh im Singen zu unterrichten. So gelangten zum Beispiel in Thüringen Hunderte von Vögel durch Vogelhändler transportiert in die großen Städte der Welt, selbst bis Petersburg, London oder sogar bis nach Amerika – und mancher Groschen in die Taschen der armen Waldleute, die sich ein Zubrot zum kärglichen Leben verdienen wollten.

Deutsche Auswanderer sollen in ihrer neuen Heimat Nordamerika zu Tränen gerührt vor einem Dompfaff gestanden haben, der „Was ist des Deutschen Vaterland" und „Ein Sträußchen am Hute" gepfiffen hat. Interessant ist vielleicht noch, dass der Vogel die Melodie nachpfeift, wenn sie ihm mit einer menschlichen Stimme vorgetragen wird, auf die mechanische Kunst einer Drehorgel aber gleichsam mit Verachtung reagiert.

Der Farbanalogie folgend, soll der Dompfaff Krankheiten wie Geldsucht und Rotlauf von den Befallenen abziehen, auch Fallsucht, Schwindsucht und Gicht. In einigen Gegenden Deutschlands trägt er deswegen den Namen Gichtvogel. Diese zugeschriebene Heilwirkung war übrigens ebenso einer der Gründe, weshalb der farbenfrohe Sänger in Käfigen als Hausvogel gehalten wurde.

In Volksliedern, wie in der „Vogelhochzeit", wird der Dompfaff gern als eheschließender Geistlicher zitiert. *„Der Dompfaff, der hat uns getraut"*, singt der junge Emigrant Barinkay in Johann Strauss' Operette „Der Zigeunerbaron" (Libretto: Ignaz Schnitzer). Oder in Lily Brauns „Kampfjahre" heißt es: *„Und unsere Hochzeit, mein Lieb, wo soll sie sein?"* – *„Irgendwo zwischen hohen Bergen, im Walde, wo der Dompfaff uns traut"*.

In Brentanos „Märchen vom Haus am Starenberg" geht eine Strophe so:

Der Adelar, der führte mich zum Traualtar;
Der Dompfaff traute uns als Schloßpfaff.

In Theodor Storms Geschichte vom „Bötjer Basch" unterhalten sich Fritz und der Geselle über einen Käfigvogel. *„Segg mal, Fritz"*, sagte der Gesell, *„wat is dat egentlich vör'n Vagel?"* – *„Das ist ein Dompfaff!"*, erwiderte Fritz stolz, *„er hat Bürgermeisters fünf Taler gekostet."*

Daniel hatte bald seinen Jungen, bald den Vogel mit glücklichen Augen angesehen. „Fritz", sagte er, *„wi wülln em beholen, tum Andenken an düssen Dag."*

Und etwas später heißt es dann: *Eine trübe Art Zufriedenheit kam über Meister Daniel, und er hörte nun auch, daß am andern Fenster der Dompfaff flötete: Üb immer Treu und Redlichkeit (…)*

In Achim von Arnims „Des Knaben Wunderhorn" findet sich unter dem Buchstaben G ein kleines Gedicht:

Ein rother, dir gar wohl bekannt, ist schön, doch singt nicht viel,
Er kömmt aus deinem Vaterland, heißt Gimpel in der Still,
All thun sich seiner schämen, weil er ein Gimpel ist,
Thu du ihn zu dir nehmen, weil du sein Landsmann bist.

Goethe bemüht in „Wilhelm Meister" den Vergleich von einem einfältigen Menschen mit einem Gimpel: *Umständlich erzählte er, wie junge Leute von gutem Hause und sorgfältiger Erziehung durch allerlei Vorspiegelungen einer anständigen Versorgung betrogen worden, und lachte herzlich über die Gimpel, denen es im Anfange so wohlgetan habe, sich von einem angesehenen, tapferen, klugen und freigebigen Offizier geschätzt und hervorgezogen zu sehen.*

Drossel

Singdrossel (Turdus philomelos).

Das Tier

Die Singdrossel *(Turdus philomelos)* ist eine Vogelart aus der Familie der Drosseln *(Turdidae)* und gehört zur Ordnung der Sperlingsvögel *(Passeriformes)*. Mit 20 bis 22 Zentimern ist sie etwas kleiner als eine Amsel. Die Flügellänge beträgt durchschnittlich acht Zentimeter. Die überwiegend beige und braun gefärbte Singdrossel ist auch an der schön gesprenkelten Brust und Bauchseite gut zu erkennen, wobei Männchen und Weibchen kaum zu unterscheiden sind.

Sie kommt – mit Ausnahme von Island und den südlichen Mittelmeerregionen – in ganz Europa und Teilen Asiens vor und besiedelt verschiedene Waldtypen mit dichtem Unterwuchs, Schatten und hoher Feuchtigkeit. Drosseln haben eine Vorliebe für Nadelbäume. Im Südosten Australiens und in Neuseeland wurde sie Mitte des 19. Jahrhunderts als Neubürger eingeführt.

Die Singdrosseln sind größtenteils Zugvögel, die nach Südwesten und Westen in die mediterranen Winterquartiere ziehen.

Als höchstes Alter einer Singdrossel wurden (durch die Beringung eines Tieres belegt) 18 Jahre und sechs Monate nachgewiesen.

Drosseln ernähren sich u.a. von Schnecken, weil sie aber die harte Schale nicht einfach knacken können, haben sie sich eine besondere Technik angeeignet: Sie suchen einen geeigneten scharfkantigen Stein, auf dem sie die Schalen der erbeuteten Schnecken zertrümmern. Diese Stellen werden als „Drosselschmiede" bezeichnet.

Der Name

Der Name Drossel (den gibt es auch im technischen, weidmännischen und medizinischen Bereich) entstand im 15. Jahrhundert aus dem ahd. *drōsca(la)*, im Mittelalter sagte man *droschel*. Die Wurzel erscheint auch im engl. *throstle* und schwed. *trast*. Vermutlich handelt es sich um eine lautmalerische Nachahmung des Vogelrufs, worauf auch das lat. *turdus* hindeutet oder das russ. *drozd*. Bei Sebastian Brant findet sich die Zeile: *ein vogler stelt den vogeln die garn, das sahe ein trostel.* Im Uhlandschen Volkslied von der Vogelhochzeit heißt es: *Die Troschel hat die Heirat gemacht / vor einem grünen Walde.* Und weiter: *Die Amsel war der Breutigem, die Trostel war die Braute.*

Andere gebräuchliche Namen für die Singdrossel sind zum Beispiel: Berg-, Krag-, Sommer-, Weiß-, Zierdrossel oder Zippe. Das Grimmsche

Wörterbuch zählt auf: *bergdrossel. bruchdrossel. buntd. dornd. heided. meerd. mistd. misteld. pfeifd. ringd. rohrd. rothd. schnarrd. schwarzd. singd. sommerd. steind. weind. weiszd. winterd. zippd. zwergd.*

Der wissenschaftliche Name *Turdus* entspricht dem lateinischen Namen der Drossel, aber auch dem für den Krammetsvogel.

Das aus dem Griechischen stammende Artepitheton *philomelos* bedeutet Gesang liebend.

Die Legende

Philomele wurde laut griechischer Mythologie von ihrem Vergewaltiger Tereus die Zunge abgeschnitten, damit sie ihn nicht verraten könne. Philomele entdeckte die Untat ihrer Schwester durch eine Stickerei und beide rächten sich auf grausame Weise an ihm. Sie mussten fliehen. Die Götter verwandelten die Schwestern in eine Nachtigall und in eine Taube, Tereus in einen Wiedehopf. In der späteren Dichtung erscheint Philomele entgegen der ursprünglichen Sage als Drossel und nicht als Nachtigall.

Tereus schneidet Philomela die Zunge heraus. Holzschnitt zu Ovids Metamorphosen von Virgil Solis (1514–1562)

Die Drossel wird oft mit dem Teufel in Verbindung gebracht. Ein großer Pulk kündige die Pest an. Ihr Gelege beschützen sie, indem sie Mistelzweige gegen böse Geister ins Nest legen. Eine besondere Heilkraft wird allerdings jenem Holunder nachgesagt, in dessen Zweigen Drosseln genistet haben.

Als bildlicher Vergleich dient die Drossel in der Redwendung für einen, der sein eigenes Verderben verschuldet hat, weil er glaubte, der Leim, mit dem eine Drossel gefangen wird, sei ihr eigener Kot. Er ist sich also selbst auf den Leim gegangen. Ein Sprichwort, das schon die alten Römer kannten: *turdus qui cacat sibi proprium malum, videlicet visci gluten quo capitur postea.*

In Schlesien, aber auch in Norddeutschland sagte man von einer alten Frau, die sich schminkt und kokettiert, sie sei eine alte Drossel. *Dat is ne olle Drossel.*

In zahlreichen Liedern und Gedichten wird die Drossel immer wieder als Synonym für Frühling und Lebensfreude bemüht. Eines der bekanntesten

Lieder, das man getrost den Volksliedern zuordnen kann, ist „Alle Vögel sind schon da" von Hoffmann von Fallersleben mit den Zeilen: *Alle Vögel sind schon da, alle Vögel alle. Amsel, Drossel, Fink und Star (...).*

Und immer wieder erscheint die Drossel im Verein mit der Nachtigall und der Lerche wie in einem Gedicht von Ludwig Kosegarten: *Erwacht ihr Leben alle! Lobsingt dem Herrn! / Lobsing' ihm Lerche, Drossel und Nachtigall!*

In einem Märchen der Brüder Grimm, nämlich dem vom König Drosselbart und der verwöhnten Prinzessin, lesen wir: *„Ei", rief sie und lachte, „der hat ein Kinn, wie die Drossel einen Schnabel!"* Und seit der Zeit bekam er den Namen Drosselbart.

Wenn die aus dem Norden in den wärmeren Süden fliegenden Drosseln an die Mittelmeerküste zwischen Marseille und Nizza kommen, verzehren sie ungeheure Mengen süßer Früchte der Region, zum Beispiel Trauben und Feigen, mit dem Ergebnis, dass sie in einen rauschähnlichen Zustand verfallen. Daraus entstand die Redensart, jemand sei besoffen wie eine (Schnaps-)Drossel.

Der Hintergrund der Redensart, wonach die Drossel mit Beeren gefangen wird, die sie selbst gesät hat, ist folgender: Mistelbeeren gehören zur Lieblingsspeise der Drosseln. Durch ihre Ausscheidungen verbreitet sie den Samen, aus dem neue Misteln werden. Aus den jungen Pflanzen aber bereitet man den Vogelleim, der zum Fangen der Vögel verwendet wird. Analog dazu sagte man: *Eine Drossel nistet sich ihr eigenes Verderben.*

Im Sauerland sagt man von einem, der anderen nach dem Munde redet, also in vielen verschiedenen Variationen parliert: *Hei drösselt.*

Umschreibend sagt man von einem Schwerkranken oder Sterbenden, er wird die Drossel nicht mehr singen hören, also den Frühling nicht mehr erleben. Während man von einem Mutlosen und Feigling sagt, er habe ein Herz wie eine Drossel.

Das angelsächsisch Wort *giddian* für singen bezeichnet die Drossel. In der Gegend um Iserlohn sagt man, *dat es de unrechte Gaitlink,* um einen gefährlichen Menschen zu charakterisieren.

Das Gedicht „April" von Theodor Fontane enthält die Strophe:
Das ist die Drossel, die da schlägt,
Der Frühling, der mein Herz bewegt;
Ich fühle, die sich hold bezeigen,
Die Geister aus der Erde steigen.
Das Leben fließet wie ein Traum –
Mir ist wie Blume, Blatt und Baum.

Eichelhäher

Eichelhäher (Garrulus glandarius).

Das Tier

Eichelhäher *(Garrulus glandarius)* sind Singvögel aus der Familie der Rabenvögel *(Corvidae)*. Man findet sie in Europa und Teilen Nordafrikas, im Nahen Osten, auch in Asien bis nach Indochina. Sie brüten bevorzugt in lichten Misch- und Laubwäldern. Im Sommerhalbjahr ernähren sie sich meistens von tierischer Kost (Schmetterlinge, Blattwespen und Käfer), im Winterhalbjahr in der Regel von pflanzlicher Nahrung. Eichelhäher legen umfangreiche Wintervorräte aus Eicheln und anderen Nussfrüchten an. Untersuchungen in Sachsen-Anhalt ergaben für die etwa 20-tägige Hauptsammelzeit bis zu 2.200 Eicheln, das entspricht etwa elf Kilogramm. Hochgerechnet für die gesamte Sammelzeit ergibt das 15 Kilogramm pro Vogel.

Eichelhäher gehören mit etwa 35 Zentimetern Körperlänge zu den mittelgroßen Rabenvögeln. Ihre Flügelspannweite beträgt bis zu 53 Zentimetern. Sie verfügen über einen kräftigen, grauschwarzen bis schwarzen Schnabel. Die Füße sind graubraun bis braun-fleischfarben mit gelblichen oder weißlichen Sohlen. Die Iris ist bläulichgrau mit rötlichem Innen- und Außenring und einer ebensolchen, feinen Sprenkelung. Beide Geschlechter haben eine ähnliche Gefiederfärbung. Die Federn im Bereich von Fittich, Handdecken und großen Armdecken haben eine blau-schwarz gebänderte Außenfahne.

Eichelhäher gelten als Wächter des Waldes. Mit ihrem rätschenden Alarmruf warnen sie vor Eindringlingen ins Revier. Sonst ist ihr Gesang eher ein leises Schwätzen. Sie sind in der Lage, Stimmen anderer Vögel oder Geräusche nachzuahmen.

Der Name

Der Name Eichelhäher setzt sich zusammen aus der Lieblingsspeise des Vogels, also den Eicheln, und dem lautmalerischen, schon im ahd. gebrauchten Wort *hehera*, was eine Schallnachahmung von *kik* oder *käk* ist. Ähnlicher Herkunft ist auch das griechische Wort *kissa* für Eichelhäher. Verschiedene Trivialnamen lassen sich auf Häher zurückführen, wie z.B: Heger, Hehr oder Heyer, die auch in Kombination mit Attributen auftreten: Baum-, Eichel-, Holz-, Nuss-, Spiegel- oder Wald-Häher. Andererseits wird anstelle von Häher analog von Eichel-Elster, -Krähe, -Rabe, -Schreier oder Eichel-Vogel, auch Holzschreier gesprochen.

Zahlreiche Andersnamen sind Nachbildungen verschiedener Rufe wie Gäbsch, Gäcker, Gräcke, Jägg oder Tschäcker. Solche lautmalerischen Bezeichnungen kennt man auch aus anderen Sprachen (engl. *jay*); auf das altgriechische *kissa* wurde bereits verwiesen.

Das Warnverhalten des Vogels stand für weitere Namen Pate. Gelegentlich wird er als Herold bezeichnet oder in der Fabel als Markwart (auch Markolf oder Marquard), das ist der, der die Mark, also ein bestimmtes Revier, bewacht. In Frankreich sagt man übrigens nicht, dass einer wie am Spieß brüllt, sondern wie ein Häher schreit; auch ist man geschwätzig wie ein *gay* und gilt als Pechvogel wie ein hässlicher gerupfter Eichelhäher. Mitunter trifft man auf die Bezeichnung Kratz-Elster oder Mathiasvogel.

Der wissenschaftliche Gattungsname *Garrulus* kommt von lat. *garrulax* (= Schwätzer) und bezieht sich auf die „Schwatzhaftigkeit" des Vogels. Das Artepitheton *glandarius* ist die adjektivische Form zu lat. *glans* (= Eichel).

Die Legende

Der Eichelhäher hat, ungerechterweise, nicht überall den besten Ruf. Jäger mögen ihn nicht besonders, weil er mit seinem von allen Tieren des Waldes verstandenen Geschrei vor Eindringlingen warnt. Er wird gern mit der Behauptung in Misskredit gebracht, dass er ein Nesträuber sei und auch vor Jungvögeln nicht Halt mache – eine Behauptung, die nur beschränkt gilt.

In der christlichen Mythologie trug der Eichelhäher ein vollständig blau-weißes Federkleid. Doch weil er Jesus an die Häscher verraten habe, wurde ihm zur Strafe sein hübsches Gewand bis auf den kleinen Rest der beiden Schwingen genommen, die sich Jäger gern an den Hut steckten. Auch heißt es, er habe König Herodes den Aufenthalt von Maria verraten.

Aus Rumänien kennt man eine Erzählung, nach der die Eichelhäher ihre Streitsachen von einem König schlichten ließen. Als sie aber mit einem Richterspruch einmal nicht einverstanden waren, sollen sie ein ohrenbetäubendes Geschrei angestimmt haben. Seither wären sie sich auch untereinander nicht richtig „grün", was aber nicht wirklich stimmt. Allerdings halten sie gebührend Abstand voneinander.

Seinem Ruf, ein geschwätziger Vogel zu sein, was zum wissenschaftlichen Namen führte, wird der Eichelhäher gerecht. Man kann es aber auch freundlicher sagen: Er zwitschert gern vor sich hin und verfügt über das besondere Talent, alle anderen Geräusche, nicht nur die von Vögeln, täuschend echt nachzuahmen. Der Vogelkundler Thomas Schmidt erzählt in seinem Buch „Gefiederte Nachbarn", dass *Eichelhäher, wenn sie einen Waldkauz erblicken, sich auf den Bildeindruck hin an dessen Ruf erinnern und dann den Feind zunächst damit anhassen, bevor sie ihn mit ihrem typischen Rätschen beschimpfen.*

Die Fähigkeit, fremde Laute täuschend echt nachzuahmen, kann auch für Verwirrung sorgen. Manchmal ist es das miauende Rufen des Bussards oder das Wiehern eines Pferdes; aber auch das kreischende Geräusch einer Säge, die durchs Holz gezogen wird, vermag er zu imitieren, was vermutlich manchen Waldpfleger „auf den Holzweg" geführt hat.

Eine Besonderheit verschiedener Vogelarten, ihr Gefieder von Ameisen reinigen bzw. von Bakterien und Pilzen bekämpfen zu lassen, ist das sogenannte Einemsen, das auch bei Hähern beobachtet wurde. Der Vogel setzt sich auf ein Ameisennest. Die Insekten reinigen das Gefieder von Federparasiten. Besonders dankbar scheint der Häher aber nicht zu sein, denn bei der Gelegenheit landet die eine oder andere Ameise auch im Verdauungstrakt des Vogels.

Karl Bartsch zitiert eine alte Volksweisheit: *Ziehen Tauben, Häher, Enten die Federn häufig durch den Schnabel, so gibts bald Regen.*

Adalbert Kuhn weiß eine Mär aus Tirol: *Im Neste des Gratsch, (des Hähers) befinden sich Blendsteine, mittels deren sich der Besitzer unsichtbar machen kann. Diese Steine sind auch die Ursache, warum man das Nest des Hähers so selten findet.*

Burkard Waldis widmet dem Häher, der sich unter die Pfauen gesellen wollte, eine ganze Fabel, in der es heißt:
*Es floh in einen hof ein häher
Und fand ein haufen pfauenfeder,
Damit tet sich bestecken schon,
Als ob er wer eins pfauen son.*

Und am Ende steht die Moral der Geschicht':
*Dise fabel auf die gedeut,
Als etlich seind so unbescheiden,
Sich in eins andern er vorkleiden,
Mit ander leute kunst herprangen
Und wölln damit groß lob erlangen.*

Eisvogel

Eisvogel (Alcedo atthis).

Das Tier

Der Eisvogel *(Alcedo atthis)* ist die einzige in weiten Teilen Europas, Asiens sowie des westlichen Nordafrikas vorkommende Art aus der Familie der *Alcedinidae*. Man findet ihn an mäßig schnell fließenden oder stehenden, klaren Gewässern. Der Stoßtaucher ernährt sich von kleinen Fischen, Wasserinsekten und deren Larven, Kleinkrebsen und Kaulquappen, indem er sich kopfüber ins Wasser stürzt und dabei meist mit kurzen Flügelschlägen beschleunigt. Eisvögel sind standorttreue und tagaktive Einzelgänger. Sie sitzen oft lange Zeit still auf einem niedrig über dem Wasser hängenden Ast.

Der Eisvogel hat einen kurzen und gedrungenen Körper mit kurzen Beinen, kurzen Schwanzfedern und breiten Flügeln. Die Oberseite des Gefieders wirkt je nach Lichteinfall kobaltblau bis türkisfarben. Eisvögel erreichen eine Körperlänge bis zu 18 Zentimetern und eine Flügelspannweite bis zu 25 Zentimetern.

Das Gefieder des Männchens hat an der Oberseite meist einen blauen Grundton mit großen und zahlreichen azurblauen Flecken auf dem Oberkopf, das des Weibchens ist eher blaugrün gefärbt.

Früher wurde der Eisvogel von den Fischern stark bejagt. Im 19. Jahrhundert waren die Federn ein begehrter Schmuck für Damenhüte. Auch zur Herstellung von künstlichen Fliegen für Angler wurden tausende Vögel getötet. Heute ist er durch die Vernichtung seines Lebensraums bedrängt, da fast alle europäischen Flüsse und auch Bäche ausgebaut oder reguliert, die Tümpel zugeschüttet und die Feuchtgebiete trockengelegt wurden.

Der Eisvogel war 1973 und 2009 Vogel des Jahres in Deutschland.

Der Name

Der Name Eisvogel bezieht sich vermutlich auf das eisblaue Gefieder. Andere Deutungen erklären den Namen mit dem ahd. *eisan* (= schillern, glänzen). Der Eisvogel könnte aber auch der Eisenvogel mit Bezug auf das stahlblaue Rücken- oder das rostfarbene Bauchgefieder sein. Wenige Autoren beziehen den Namen tatsächlich auf das Eis, indem sie einen Zusammenhang zwischen seinem Aufenthalt an zugefrorenen Gewässern, dem Abeisen oder zu toten Tieren im Eis herstellen.

Linné gab dem Vogel den Namen *Alcedo ispida*. Der lat. Gattungsname *Alcedo* ist abgeleitet vom griech. *halkyon*, was sinngemäß „die auf dem Meer Brütende" bedeutet. Das Beiwort *atthis (attis)* kommt von dem Namen Atthis, dem Geliebten der Kybele.

Die Legende

Keyx (latinisiert *Ceyx,* das ist ein Eisvogel) war König von Thessalien, Sohn des Hesperos und verheiratet mit Alkyone (Halkyone – die das Böse und die Stürme abwehrt), der Tochter des Windgottes Aiolos. Ovid erzählt in seinen „Metamorphosen", dass Keyx, ein friedfertiger Regent, seiner Frau in tiefer Liebe verbunden war. Auf einer Überfahrt nach Ionien wurde sein Schiff von einem starken Sturm zerstört und sank. Seine letzten Worte galten seiner Frau. Als Alkyone, nichts Böses ahnend, beim Altar der Hera für seine gesunde Rückkehr betete, ließ diese die Götterbotin Iris nach Morpheus, dem Gott der Wach- und Wahrträume, schicken. Er sollte Alkyone im Traume als ihr Ehemann erscheinen und das Unglück berichten. Als sie danach in tiefer Trauer am Strande klagend nach ihrem Mann Ausschau hielt, wurde Keyx' Leichnam angespült. Verzweifelt stürzte sie sich ins Meer. Von der sich erbarmenden Thetis wurden beide in *halcyones* (= Eisvögel) verwandelt. Alkyones Vater Aiolos gewährte den verwandelten Vögeln zur Brutzeit eine siebentägige Windstille, die sprichwörtlichen „Halkyonischen Tage". Jeden Winter trägt seither Keyx, die Eisvogelhenne, ihren toten Gatten zu Grabe. Danach baut sie ein Nest, das sie auf den Wellen treiben lässt. Sie legt ihre Eier hinein und brütet sie während der Halkyonischen Tage – das sind im Mittelmeer die je sieben windarmen Tage vor und nach der Wintersonnenwende – aus.

Tatsächlich glaubten die Griechen und Römer an ein auf dem offenen Meer schwimmendes Nest. Nach Plutarch bestand es aus ineinander verflochtenen kleinen Fischgräten. Plinius schrieb von einem schwammähnlichen, nicht durch Eisen zerschlagbaren Nest. Nach seiner Auffassung ließe sich der Eisvogel nur am kürzesten Tag des Jahres und an den Sonnenwendtagen sehen. Noch im 19. Jahrhundert hielt man die Halkyonischen Tage für die Brutzeit des Eisvogels.

Der Schweizer Naturforscher Conrad Gesner ging noch davon aus, dass das Weibchen beim Tod des Männchens einen Trauergesang anstimme, der Macht und Reichtum, Frieden und Schönheit verheiße. Den Fischern solle der Glücksbringertag reichen Fang und den Schiffern eine gute Reise ermöglichen.

Die christliche Mythologie griff die Sage auf und wandelte sie nach ihrem Bilde. In Frankreich entstand die Mär, dass der damals noch graue Eisvogel von Noah der Taube hinterhergeschickt wurde, um herauszufinden, ob die Sintflut zurückginge. Auf diesem Flug musste der Vogel einem Sturm ausweichen und so hoch fliegen, dass die Oberseite seines Gefieders die Farbe des Himmels annahm und die Unterseite von der Sonne rot gebrannt wurde. Weil der Bote nicht zur Arche zurückfand, ist er noch immer auf der Suche über den Wassern.

Die sieben Halkyonischen Tage um die Wintersonnenwende und die sieben darauf folgenden nahmen die christlichen Lehrer als Vergleich mit der Mutter Jesu, die während dieser Zeit in Bethlehem niederkam.
Weil der Eisvogel vermutlich aus den Tropen eingewandert ist, wofür sein schillerndes Gefieder spricht, wurde er wegen des angeblich jährlichen Wechsels seines Federkleides zum Sinnbild für die Auferstehung.

Nach altem Glauben wurden die Federn und Bälge des Eisvogels gegen Blitzschlag eingesetzt. Trug man ein getrocknetes Vogelherz um den Hals, war man vor Gift und schwerer Not geschützt. Mit mumifizierten Eisvögeln wehrte man die Motten ab und an einem Faden aufgehängt dienten sie als Kompass und Wetterfahne. Angeblich sollte der Schnabel immer nach Norden oder in Windrichtung zeigen. Paracelsus nahm an, dass der Eisvogel nach seinem Tod nicht verfaule, was den Naturforscher Balthasar Sprenger 1753 veranlasste, einen bestätigenden Aufsatz darüber abzufassen.

Gottfried August Bürger erzählt in seiner „Reise durch die Welt" eine abenteuerliche Geschichte von einem Ei, aus dem ein ungefiedertes Vögelchen heraussprang, *das ein gut Teil größer war als zwanzig ausgewachsene Geier. Wir hatten kaum das junge Tier in Freiheit gesetzt, so ließ sich der alte Eisvogel herunter, packte in eine seiner Klauen unsern Kapitän, flog eine Meile weit mit ihm in die Höhe, schlug ihn heftig mit den Flügeln und ließ ihn dann in die See fallen.*

Jean Paul greift in den „Blumen-, Frucht- und Dornenstücke" die Vorstellung vom Eisvogel, der auf dem Meer treibt, auf und lässt Firmians aus der Zeitung vorlesen: (…) *über das Mißjahr seines Magens, über seine teuern Zeiten, über den bildlichen Winter seines Lebens, auf dessen Schnee er wie ein Eisvogel nisten mußte, und über alle die kalte Nordluft, die einen Menschen, wie die Wintersoldaten, zum Eingraben in die Erde treibt.*

In einer Sage über „Des Teufels Bart" ist die Rede von einem Bauernmädchen, das ebenso reich wie stolz war und alle Freier höhnisch abwies. Da hing sich einer an sie, man wusste nicht, woher er kam, *der gab es groß. Weil er aber rothen Bart und hellgrünen Rock trug, nannten ihn die erbosten Bauernbursche schlechtweg den Eisvogel. Darüber ärgerte sich das Mädchen gewaltig, und als einmal der Geliebte bey ihr eingeschlafen war, nahm sie eine Scheere und schnitt ihm den Bart wurzweg. Da flog Feuer aus dem Bart und versengte ihr das Gesicht, daß es zeitlebens schwarz blieb. Der Jäger aber brüllte und lief davon – es war der Teufel selber.*

Elster

Elster (Pica pica) und Dohle (Corvus monedula).

Das Tier

Die in Europa, Nordamerika und in Nordasien bis Japan verbreitete Elster *(Pica pica)* gehört in die Familie der Krähen *(Corvidae)*. Der schwarz-weiße Vogel wird 45 Zentimeter lang, die Hälfte davon entfällt auf den auffällig langen, metallisch glänzenden Schwanz. Die Vögel, ursprünglich in der offenen Kulturlandschaft lebend, wurden inzwischen in Dörfern und Städten heimisch. In Gärten findet der Allesfresser und Nestplünderer reichlich Nahrung. Am Rande von Autobahnen brüten Elstern besonders zahlreich, weil sie dort nicht gejagt werden. Sie bauen ihr überwölbtes Nest, in das sie sieben bis acht grün-braun gesprenkelte Eier legen, auf den Wipfeln hoher Bäume.

In Skandinavien, wo die Elster fast als heiliger Vogel gilt, findet man sie häufig in unmittelbarer Nachbarschaft zu den Menschen auf den Gehöften. Sie ernähren sich von Mäusen, Insekten, Obst und Körnern, plündern Nester und greifen selbst größere Vögel an. Ihr lautes Krächzen ist weit zu hören. Elstern lassen sich leicht zähmen. Sie lernen schnell fremde Töne und einzelne Wörter. Wie alle Raben entwendet sie gern glänzende Dinge.

Der Name

Der Name des Vogels ist eine abgewandelte Mundartform zu ahd. *ag-alstra,* mhd. *agelster, alster, elster.* Andere Ableitungen lauten z.B. Atzel, Ekster, Häster, Heste, Heister. Unsicher ist, ob es einen Zusammenhang mit ahd. *aga,* aengl. *agu* (Spitze, wohl wegen des langen Schwanzes) gibt. Weitere im deutschen Sprachraum gebräuchliche Namen sind: Acholaster, Algarde, Argerst, Atzel, Azel, Gartenrabe, Schalaster, Tscharderer.

Der Name der beiden sächsischen Flüsse Weiße und Schwarze Elster ist slawischen Ursprungs *(alstrawa* = die Eilende) und steht in keinem sprachlichen Zusammenhang mit dem Rabenvogel. Diesem Irrtum unterliegen verschiedene Wappen, wie zum Beispiel Wappen und Siegel der sächsischen Stadt Elsterwerda.

Der wissenschaftliche Name *Pica* entspricht der von den Römern gebrauchten Bezeichnung für den Vogel.

Die Legende

Elstern galten früher als Unglücksvögel. Sie wurden auch als Gold- und Silberdiebe bezeichnet, waren dem Bacchus heilig und wegen ihrer

Geschwätzigkeit berüchtigt. In der germanischen Mythologie sind sie die Vögel der Unterwelt, in die sich Hexen oft verwandeln oder auf denen sie reiten.

Einen ganz anderen Stellenwert haben die Elstern in China und Japan, wo sie als Glücksbringer vor allem in Liebesdingen gelten. Die Mandschuren verehrten den Vogel, weil eine Elster einst einen ihrer Vorfahren vor Verfolgern gerettet habe. In Korea werden den Elstern seherische Fähigkeiten nachgesagt. Sie kündigen bevorstehenden Besuch an, wenn sie in der Nähe des Hauses lauthals schäckern.

Eine an der Stalltür aufgehangene Elster schützt laut germanischem Volksglauben das Vieh vor Krankheiten. Gebrannte Elstern galten als Hausmittel gegen Epilepsie.

Einst soll die Elster ganz weiß gewesen sein und friedlich bei den Menschen im Garten Eden gelebt haben. Als der Teufel sie nach dem Sündenfall fangen wollte, entkam sie ihm, bekam aber an den Stellen, die er berührt hatte, schwarze Federn. Und aus dem einst friedfertigen Vogel wurde ein diebisches Wesen, das alles Blanke und Glitzernde in ihr Nest trägt. Angeblich sollte sie sogar durch offene Fenster fliegen, um aus den Wohnungen zu stehlen. Ihr kreischendes Geschrei wurde mit dem bösen Lachen des Teufels verglichen.

In der Antike haben die Auguren aus dem Geschrei der Elster ihre Vorhersagen getroffen. Weil die sich aber selten bewahrheiteten, wurde dem Vogel böswillige Irreführung unterstellt.

Die Germanen weihten die Elster der Göttin der Unterwelt und des Todes Hel, wohl auch deshalb, weil der räuberische Vogel die Nester der Singvögel heimsucht und auch vor den Nestlingen nicht Halt macht.

In der christlichen Mythologie wurde die Elster als Sinnbild der Verschwendung, der Eitelkeit und des geschwätzigen Müßiggangs dem Teufel zugesellt. In Frankreich glaubte man, der Vogel trüge sieben Teufelsfedern am Kopf oder ein Teufelsknochen stecke im Elsterkopf, der zu allem Schabernack verleite.

Um sich gegen die Hexen-Elstern zu wehren, musste man einen Spruch aufsagen: *Elster, Elster, weiß und schwarz, / wenn du eine Hexe bist, / dann flieg auf deinen Platz!* Das half. Manchmal.

Aus dem „Buch der Gottheiten und anderer Seltsamkeiten" zitiert Wolfram Eberhard, welche Bedeutung die Darstellung von Elstern auf der Rückseite eines Spiegels hatte: *„(…) wenn Mann und Frau voneinander Abschied nahmen, zerbrachen sie einen Spiegel und jeder nahm eine Hälfte an sich. Wenn sich nun eine Frau mit anderen Männern einließ, dann* *verwandelte sich ihre Hälfte des Spiegels in eine Elster und flog zu ihrem Mann hin."* Wie das mit der männlichen Hälfte des Spiegels war, wenn der Gatte sich mit anderen Frauen einließ, wird nicht beschrieben. Der Zusammenhang von Spiegel und Elster erklärt sich möglicherweise aus der Vorliebe des Vogels für alles Glänzende und Spiegelnde.

Elstern sind sehr gelehrige Tiere. Ihre geistigen Fähigkeiten wurden zum Beispiel an der Bochumer Ruhr-Universität erforscht. Die Wissenschaftler stellten fest, dass Elstern Gegenstände, die man vor ihren Augen versteckte, wiederfanden. Um das zu können, müssen die Vögel eine Vorstellung von dem versteckten Gegenstand haben – eine Fähigkeit, die man ansonsten nur von Menschen, Menschenaffen und Hunden kennt.

Wappen der Gemeinde Elsterwerda

In der Volksmedizin kannte man ein Rezept gegen den *Schlag und fallenden Siechtag,* wie bei Johannes Jühlings nachzulesen ist: *Nim eine lebendige Alster und reiss die mitten voneinander und thue es dann mit federn und allem in den Helm und brenne wasser davon und setz in danach tage in die Sonne. Das ist auch gut zu schwerenn kranckheitt zum schlag und alletrlei kranckheit.*

Siegel von Elsterwerda, 1890.
Quellen: wikipedia.

In Mecklenburg half eine *aufgekochte Elster gegen Wassersucht,* in Oldenburg kannte man *geröstete Elsterleber gegen Verstopfung.*

Oft wird in der Literatur die Geschwätzigkeit der Elster beschrieben, so auch bei Hans Sachs: *bei jederman an allen orten / konten sie von der weisheit schwetzen, / gleichwie die elstern und die hetzen* [Häher].

Ente (Stockente)

Stockente (Anas platyrhynchos).

Das Tier

Die Stockente *(Anas platyrhynchos),* Stammform der Hausente, gehört in die Familie der Entenvögel *(Anatidae).* Sie ist die größte und häufigste Schwimmente Europas. Sie kommt außerdem in großen Teilen Asiens sowie Nordamerikas vor. Man findet sie an Gewässern aller Art. Stockenten sind Allesfresser. Neue Nahrungsquellen werden schnell von ihnen erkannt und genutzt. Sie können ein Gewicht bis zu 1.500 Gramm erreichen. Ihre Körperlänge beträgt maximal 58 Zentimeter, ihre Flügelspannweite kann 95 Zentimeter erreichen. Stockenten werden etwa 15 Jahre alt.

Der Erpel trägt ein graues Prachtkleid mit brauner Brust, bräunlichem Rücken und schwarzen Ober- und Unterschwanzdecken. Der Kopf ist metallisch-grün mit weißem Halsring darunter, der Schnabel grün-gelb. Am Hinterrand der Flügel befindet sich ein metallisch-blaues, weiß gesäumtes Band, der sogenannte Spiegel. Charakteristisch sind die aufgerollten Schwanzspitzen, die Erpellocken. Zwischen Juli und August trägt der Erpel sein Schlichtkleid, das dem der Weibchen bis auf die gelbe Schnabel-

Farbtafel Enten.

färbung zum Verwechseln ähnelt. Eine Besonderheit der Stockenten (und einiger anderer Entenvögel) ist, dass sie einen Penis besitzen.

Enten streichen ihr Federkleid mit dem Fett der an der Schwanzwurzel befindlichen Bürzeldrüse mit dem Schnabel gegen Nässe und Kälte ein, damit kein Wasser durch das Gefieder dringt. Ein Luftpolster zwischen Daunengefieder und Deckfedern trägt die Ente auf dem Wasser. Zusammen mit dem Fettpolster unter der Haut verhindert die eingeschlossene Luftschicht, dass die Ente auskühlt.

Ein besonderes Kuriosum ist bei der Balz zu beobachten. Oft bedrängen mehrere Erpel eine Ente. Wird es ihr zu heftig, entzieht sie sich den Balzenden durch Flucht im Sinne des Wortes. Die Erpel fliegen natürlich hinterher. Aber da sie deutlich schwerer sind als das Objekt ihrer Begierde, kann die Ente langsamer fliegen, sodass die Erpel an ihr vorbeistreichen und sie ungewollt überholen, weil sie sonst abstürzen würden.

Der Name

Der Name des Vogels geht auf das ahd. Wort *enita, anut* (mhd. *ente, ant*) zurück, wie in zahlreichen indogermanischen Sprachen nachweisbar, u.a. auch im lat. *anas*. Das Grimmsche Wörterbuch *leitet alles hin auf neō* [griech. schwimmen] *und die ente ist ein behender schwimmvogel, nur könnten gans und schwan ebenso heiszen, da in allen übrigen urverwandten formen der vocalanlaut haftet.*

In Goethes „Reineke Fuchs" treffen wir auf den alten germanischen Fabelnamen der Ente: *(…) es meldete sich auch Tybbke* [die Dumme], *die Ente*.

Die Bezeichnung Stockente ist erst seit dem 20. Jahrhundert geläufig, vorher sagte man Wildente im Unterschied zur Hausente. Wahrscheinlich besteht ein Zusammenhang mit dem Brutplatz der Vögel, einem gelegentlich aus Zweigen und Stöckchen gebauten Nest. In der Sprache der Jäger hat sich der Begriff Wildente ebenso erhalten wie in der Gastronomie.

Der wissenschaftliche Gattungsname *Anas* entspricht dem lateinischen Wort für Ente. Die aus dem Altgriechischen abgeleitete Artbezeichnung *platyrhynchos* bedeutet breitschnäbelig (eigentlich Breitnase, wegen der weit auseinanderstehenden Nasenlöcher).

Vermutlich war es der durch seinen Park und einem nach ihm benannten Speise-Eis berühmte Fürst Pückler-Muskau, der zum ersten Mal den Begriff „Zeitungsente" für eine gedruckte Lüge wählte. Aber schon weitaus früher sprach Luther von einer blauen Ente, als er wetterte: *So kömpts doch endlich dahin, das an stat des evangelii und seiner auslegung widerumb von blaw enten geprediget wird.* Nicht minder drastisch zürnte sein Widersacher Thomas Murner: *es sein alsamen nur blaw enten, das die pfaffen hon erdacht*.

Das Grimmsche Wörterbuch meint, die gedruckte Lüge sei mit einer Ente zu vergleichen, die davonschwimmt und anderswo wieder auftaucht. *blau ist nebelhaft, nichtig, einem etwas blaues vormachen, blauen dunst machen bedeutet vorlügen.*

Die Legende

Das Fleisch von Wildgeflügel, mithin auch das von Enten, war seit alters Teil der menschlichen Ernährung. Im vornehmen Rom machte man da allerdings Unterschiede. Eine Entenbrust, und sei es die zarteste ihrer Art, einem vornehmen Römer vorzusetzen, war eine Beleidigung seiner Geschmacksnerven. Man genoss Fasan, Perlhuhn, auch Wildvögel aller Art, aber Ente, nein, das war minderwertiges Fleisch für das Volk!

Interessant ist ein Rezept, das die Volksheilkunde gegen Gicht kennt: Man entnehme einer Ente die Innereien, wasche und trockne sie, lege sie in ein trockenes Fass und *nimmt dazu viel fliegen und stopf es fest zu, also das der Broden und der dunst nicht herausgehe*. Auf einem kräftigen Feuer soll die Mischung gar gesotten werden. Das ergäbe eine *gutte gicht salbe*.

Entengalle, besonders als Gemisch mit Frauenmilch, fand Einsatz bei Ohrenschmerzen. Die Schwaben kannten Entenschmalz mit Butter und Safran vermengt als hilfreich gegen Seitenstechen.

Ein ganz ausgefallenes Rezept sollte Epilepsie bekämpfen: Man trage eine weiße Ente längere Zeit im Kreis laufend unter dem Arm, töte sie und halte sie noch im warmen Zustand unter dem linken Arm.

Enten kommen auch in verschiedenen Märchen vor. Das bekannteste ist gewiss das „Hässliche Entlein" von Hans Christian Andersen, das zunächst verspottet wird und sich schließlich zu einem schönen Schwan mausert.

Die goldene Gans der Brüder Grimm ist bei Ludwig Bechstein sogar ein Schwan, aber bei Ernst Heinrich Meier wird das Märchen von einer goldenen Ente erzählt. In einem anderen Bechstein-Märchen heißt es: *So zeigten hier Enten die Mordtat an, wie im altdeutschen Märchen das Rebhuhn und in der griechischen Sage die Kraniche des Ibykus.*

Die Sagen der Völker sind auf wunderbare Weise miteinander verwandt. Ludwig Strackerjan erzählt von einem Mann in Ostfriesland, der sich auf die Jagd begeben hat, als sich um Mitternacht eine dicke Ente in seiner Nähe quakend aufs Wasser setzte. Er schoss auf sie, verfehlte sie aber immer wieder, bis er verdrießlich ausrief: „Dich soll das Donnerwetter holen!" Plötzlich stand sie in Frauengestalt vor ihm. Da war es eine gewisse Talke, die er sehr gut kannte. Von dieser Zeit her hat das Wasser den Namen Talkepohl.

Hat man etwas verloren, weiß Anton Birlinger, *etwa (…) eine Ente, so stecke man einen Kreuzer an's Fenster und gebe ihn dem ersten besten Bettler als Almosen, so findet sich das Verlorene alsbald vor.*

Von einem anderen Aberglauben erzählt Karl Bartsch: *Das kleine Vieh, Küken, Enten, Gössel werden am Mittwoch oder Sonnabend ausgetrieben; dann kann die Krähe sie nicht sehen, denn das sind keine Tage.*

Die Meinung, *dass Schlangen sich mit Enten paaren und dass sie den Kühen die Milch aussaugen, ist auch in unserem Volke verbreitet,* lesen wir bei Friedrich Schiller.

In Cöslin erzählte man sich die Geschichte von einem katholischen Barbier, der im angetrunkenen Zustand mit einem Glas Branntwein in der Hand und einer Ente unterm Arm in einen evangelischen Gottesdienst wankte. Die Kirchgänger waren darüber so erbost, dass sie ihn in einen Sack nähten und bei lebendigem Leibe ertränkten. Die böse Tat mussten sie mit 400 Gulden ahnden. Seither sagt man über die Cösliner, sie seien die rechten Sacksöfers.

Eule

Waldohreule (Asio otus) und Sumpfohreule (Asio flammeus).

Das Tier

Die Waldohreule *(Asio otus)*, eine der häufigsten Eulen in Mitteleuropa, gehört zu den Eigentlichen Eulen *(Strigidae)*. Sie hat eine Körperlänge von etwa 36 und eine Flügelspannweite von circa 95 Zentimetern. Sie ist schlanker als der etwa gleichgroße Waldkauz.

Besondere Kennzeichen dieser Art sind die großen Federohren, die aber nicht die Hörleistung erhöhen, denn dazu dient der ausgeprägte Gesichtsschleier. Das Gefieder der Waldohreule ist auf hellbraunem bis ockergelbem Grund schwarzbraun gestrichelt und gefleckt, Hand- und Armschwingen sind deutlich dunkel quergebändert. Allgemein überwiegen bei den Weibchen dunkle, rostbraune Farbtöne. Die Färbung dient der Tarnung; ruhende Vögel im Geäst sind kaum zu entdecken.

1. Reihe: Waldkauz, Schleiereule
2. Reihe: Sumpfeule, Steinkauz
3. Reihe: Uhu, Sperbereule

Waldohreulen sind in der nördlichen Halbkugel beheimatet. In Afrika kommen sie im Atlasgebirge sowie in den Bergwäldern Äthiopiens vor. Sie sind außerdem auf den Azoren sowie den Kanarischen Inseln zu finden und besiedeln das südliche Kanada sowie die nördlichen und mittleren Teile der USA.

Waldohreulen jagen in der Dämmerung und in der Nacht. Ihr Flug ist geräuschlos. Hauptbeute sind Mäuse, aber auch kleinere Singvogelarten.

Waldohreulen zählen zu Beutetieren des Uhus und größerer Greifvogelarten. Nur jede zweite Eule übersteht ihr erstes Lebensjahr. Aufgrund von Beringungsfunden lässt sich ein Höchstalter von 28 Jahren nachweisen.

Waldohreulen bevorzugen offenes Gelände mit niedrigem Pflanzenwuchs und mit einem hohen Anteil an Dauergrünflächen sowie Moore und sumpfiges Gelände. Waldränder dienen ihnen als Ruheplätze während des Tages sowie als Brutrevier. Sie besiedeln auch Stadtränder, wenn diese an landwirtschaftlich genutzte Bereiche grenzen.

Der Name

Der Name Eule ist lautmalerisch gebildet und geht auf den eigenartigen Ruf des Vogels zurück. Eule entwickelte sich aus dem ahd. *ūwila* über das mhd. *iule*. Das niederd. *ulen* (= fegen) beschreibt den Reinigungsvorgang mit einem Flederwisch, der sogenannten Eule. So erklärt das Duden-Herkunftswörterbuch auch den Namen des Narren Till Eulenspiegel (niederd. Ulenspēgel) mit der Übersetzung „Feg mir den Spiegel", wobei mit Spiegel das Hinterteil gemeint ist. In Goethes „Götz von Berlichingen" steht es etwas gröber.

Der wissenschaftliche Familien-Name *Strigidae* wurde aus dem lat. *striga* (= nächtliches Gespenst, Hexe; ital. *strega* = Hexe) gebildet. Der Gattungsname *Asio* geht mit Bezug auf den bevorzugten Lebensraum zurück auf das griech. *asis* (= Sumpf, Schlamm). Das Artepitheton *otus* bezieht sich auf die ohrenartigen Federbüschel, die dem Vogel auch den speziellen Namen gegeben haben.

Die Legende

Die Römer, wie auch schon die Griechen, ordneten ihren Gottheiten Vögel zu (zum Beispiel dem Jupiter bzw. dem Zeus einen Adler). Minerva entsprach Athene, ihr zugehörig war die Eule, der Vogel der Klugheit. Friedrich Hegel verglich in seinen „Grundlinien der Philosophie des Rechts" die Philosophie mit der Eule der Minerva, weil Eulen erst in der Abenddämmerung aktiv werden. *Wenn die Philosophie ihr Grau in Grau malt, dann ist eine Gestalt des Lebens alt geworden, und mit Grau in Grau lässt sie sich nicht verjüngen, sondern nur erkennen; die Eule der Minerva beginnt erst mit der einbrechenden Dämmerung ihren Flug.*

Vorder- und Rückseite einer griechischen Trachme. (ca. 450 v.Chr.) Eine Eule mit dem Ölzweig ist eine jahrhundertealte Abbildung, die im griechischen Altertum auf der attischen Drachme und ihren Unterteilungen und Vielfachen zu sehen war. Sie ziert auch heute noch den Euro. Quelle: wikipedia.

Von jeher hat die Eule wegen ihrer nachtaktiven Lebensweise, ihres lautlosen Fluges und ihrer bernsteingelben

Augen die Vorstellung der Völker beschäftigt. Sie stand für Weisheit ebenso wie für Schrecken und Tod.

Auf dem sumerischen „Burney-Relief" steht Lilitu, Göttin des Windes, in alten Texten auch die erste Frau Adams, flankiert von zwei Eulen auf zwei liegenden Löwen.

Die dämonischen Eigenschaften beschreibt das Grimmsche Wörterbuch: *wie diesen tagscheuen, schöngebildeten und klugen vogel alles andere gevögel meidet und höhnt, galt er auch den menschen von jeher für gespenstig und unheilweissagend.*

Mit dem unheimlichen, vor allem in den grauen Novembernächten schauerlichen Ruf der Eule verbanden die Altvorderen beängstigende Vorstellungen. Sie wurde mit dem Namen Tutursel (oder Tutosel) belegt und soll eine Nonne gewesen sein, die seit ihrem Tod in Gestalt einer Eule zusammen mit einem Schwarm Raben die „Wilde Jagd" begleiten muss.

Charlotte von Ahlefeld schreibt in „Der treue Hunde": *Im Rausche des Sturms glaubt' er klagende Stimmen zu vernehmen, und das Geschrei der Eulen dünkte ihm grauenvolles Unheil zu verkünden.*

Von den drei Parzen, den Schicksalsgöttinnen, spann die erste den Lebensfaden der Menschen, die zweite nahm Maß, die dritte schließlich hatte den Kopf einer Eule und biss den Faden ab.

Einem alten Aberglauben folgend nagelten Jäger und Bauern abgeschlagene Eulenköpfe an Torwege und Scheunen, um die bösen Geister zu bannen, worauf sich Angelus Silesius in seinem Gedicht „Die ewigen Peinen der Verdammten" bezieht: *Die tritt man in den höllschen Kot, / Die schläget man mit Keulen, / Die nagelt man zu Hohn und Spott / Auf Stangen wie die Eulen.*

Friedrich Schiller lässt in den „Räubern" Moser zu Franz Moor sagen: *Geh in tausend Grüfte, du Eule, wer hieß dich hieher kommen?*

Bei Johannes Mathesius steht: *darum hat der teufel seine eule auch hierher setzen wollen.* Wogegen ein Sprichwort weiß: *et is beter bi der ulen to sitten, as bi der exter* [Elster] *to wippen.*

Wer Eulen nach Athen trägt, wiederholt überflüssigerweise hinlänglich Bekanntes. Im antiken Athen gab es offenbar sehr viele Eulen, die Anlass für das alte Sprichwort gaben.

Das Sprichwort „Eine Eule ist aus dem Busch heraus und zwei sind noch drin", meint, dass zwar das eine Übel behoben ist, aber noch weitere „im Busch" sind.

Burkard Waldis, der mittelalterliche Fabeldichter, war schon etwas skeptischer, was die sprichwörtliche Klugheit des Vogels betraf: *ich glaub nit das ein euwel jetzt hat solch weisheit wie in alten jaren.*

Falke

Wanderfalke (Falco peregrinus).

Das Tier

Die Falken *(Falco)* sind kleine bis mittelgroße Greifvögel mit meist langem Schwanz und spitzen Flügeln aus der Familie der Falkenartigen *(Falconidae)*. Sie haben einen hakenartigen, nach unten gebogenen Oberschnabel mit einer Zacke im vorderen Teil des Oberschnabels, den sogenannten Falkenzahn. Die Befiederung der Unterschenkel ist zu „Hosen" verlängert. Dank ihrer 15 Halswirbel können sie ihre Halswirbelsäule um 180° drehen. Ihre Augenstellung ermöglicht sogar ein Blickfeld von 220° ohne Drehung des Halses.

Die 38 Arten umfassende Gattung ist nahezu weltweit verbreitet, sechs davon kommen in Mitteleuropa vor: Turmfalke, Rotfußfalke, Merlin, Baumfalke, Wanderfalke und Sakerfalke.

Der Wanderfalke *(Falco peregrinus)* zählt zu den größten Vertretern der Familie. Er ist die am weitesten verbreitete Vogelart der Welt und bewohnt in erster Linie gebirgige Landschaften aller Art sowie Steilküsten. Die Nahrung besteht vor allem aus kleinen bis mittelgroßen Vögeln, die im freien Luftraum im Sturzflug erjagt werden.

Der kanadische Verhaltensforscher Louis Lefebvre hat herausgefunden, dass Falken nach den Krähen die zweitintelligentesten Vögel sind. Danach folgen Habichte, Spechte und Reiher.

Der Name

Ein sicherer Nachweis für den Vogelnamen Falke kann nicht erbracht werden. Möglicherweise geht er auf ahd. *falc[h]o,* mhd. *valk[e]* zurück. Eine andere Deutung bezieht sich auf das lat. *falx* (= Sichelträger) mit Verweis auf den sichelartigen Schnabel und die Klauen. Das Herkunftswörterbuch favorisiert den germanischen Ursprung, wonach das Wort analog zu Kranich, Storch und Lerche mit einem k-Suffix zum Farbadjektiv *fahl* in Anspielung auf das Gefieder des Vogels gebildet wurde.

Das Grimmsche Wörterbuch verzeichnet: *ahd. falcho, mhd. valke, nnl. valk, altn. falki, schw. dän. falk, engl. falcon, it. falcone, fr. faucon, sp. halcon.*

Der wissenschaftliche Name *Falco* ist der lateinischen Sprache entnommen. Das lat. Artepitheton *peregrinus* bedeutet u.a. pilgernd (auch: fremd, ausländisch). Ein *peregrinator* ist ein Freund des Reisens.

Als Falk, Falkaune, Falconet oder Falkanet bezeichnete man früher ein Geschütz: *das vierd und letzt geschlecht des feldgschütz ist ein falka und auf unser sprach falkanet genant, die scheuszet gewönlich 2 pfund blei,* lesen wir bei dem mittelalterlichen Militärschriftsteller Leonhardt Fronsberger.

Die Legende

Eine bekannte Statue des ägyptischen Pharaos Chephren aus dem 3. Jahrtausend vor Christus ist 168 Zentimeter hoch und fast vollständig erhalten. Hinter seinem Kopf breitet ein Horus-Falke schützend seine Flügel über ihm aus. Der ägyptische Falkengott Horus dürfte das älteste bekannte Symbol der Sonne sein. Ähnlich wie der Adler könne er so hoch fliegen, dass er ohne zu blinzeln der Sonne ins Auge zu sehen vermochte. Das rechte Auge des Horus war das Sonnenauge, das linke das des Mondes. Die Könige Ägyptens trugen den Falkengott Horus in ihrer Königs-Titulatur. Weit zurück in die Geschichte reicht auch die Abrichtung von Falken für die sogenannte Beizjagd, bei der der Vogel mit einer Fluggeschwindigkeit von 100 km/h seine Beute jagt und noch im Flug ergreift. Die Bezeichnung Taube und Falke ist noch heute ein gängiger Vergleich in der Politik und steht für friedfertig beziehungsweise kriegswillig.

In der griechischen Mythologie verwandelt Kirke (latinisiert Circe), die Tochter des Sonnengottes Helios und der Okeanide Perse, die Männer des Odysseus in Schweine. Kirke ist das Falkenweibchen. Kirkos, der Falke, nannten die Griechen den schnellen Boten des Apolls.

Auch in den mythologischen Vorstellungen anderer Völker spielt der Falke eine zentrale Rolle. Bei den Indern holte Gayatri, die Gattin des Brahma, als Falke das Soma vom Himmel, ein im „Rig Veda" erwähnter Rauschtrank der Götter. Die Chinesen brachten ihn mit der zerstörenden Kraft des Krieges in Verbindung. Bei indianischen Stämmen galt der Falke als Symbol für Tapferkeit.

Nach keltischer Vorstellung war der Falke Übermittler zwischen realer und Anderswelt, der geschickter und stärker als andere Vögel für großes Seh- und Erinnerungsvermögen stand. Sein Schrei kündigte besondere Ereignisse an, die entweder mit Freude oder mit Gefahr verbunden waren.

Die Minnesänger des Mittelalters ersetzten den anonymen Helden ihrer Dichtungen häufig mit einem Falken, wie im „Falkenlied" des von Kürenbergers, in dem es heißt: *ich zôch mir einen valken mêre danne ein jâr. / dô ich in gezamete, als ich in wolte hân / und ich im sîn gevidere mit golde wol bewant, / er huop sich ûf vil hôhe und vlouc in anderiu lant.*

Im Mittelalter war die Falknerei nur Privilegierten zum Zeitvertreib erlaubt. Eine berühmte Darstellung finden wir im „Falkenbuch" Friedrichs II., einem

Darstellung der Behandlung von Beizvögeln im „Falkenbuch" Friedrichs II.

Enkel Kaiser Barbarossas, der zum Großmeister der in Europa betriebenen Falknerei wurde. Seine Beschreibungen haben weitgehend noch heute ihre Gültigkeit. Er war es, der die Vorstellung des Aristoteles, im Vogelzug würde stets der stärkste und klügste Vogel den Schwarm anführen, widerlegte und bewies, dass immer ein neues Tier die Führung übernimmt.

Häufig setzten Bischöfe einen Falken oder Adler auf die Kanzel, während sie die Messe lasen, denn als freier Mann galt nur, wer einen solchen Vogel besitzen durfte. Dieser Missbrauch des Falken wurde allerdings im Jahre 506 in der Kirchenversammlung zu Agda verboten. Die christliche Vorstellung des Falken setzte dem Vogel Dunkelheit, Versuchung und Sünde gleich, der weltliches Leben und Gefräßigkeit bedeutete.

Die Jagd mit Falken war schon in Kleinasien bekannt. Übrigens nicht nur die auf flüchtende Tiere, denen der Vogel mit seinen scharfen Krallen und dem spitzen Schnabel zusetzte. Sie griffen auch die Lenker feindlicher Wagen an, um sie außer Gefecht zu setzen, wofür sie an menschlichen Leichen, angebunden an Streitwagen, ausgebildet wurden.

In der Literatur erscheint der Falke häufig als wichtiger Bote. In dem Märchen „Der blaue Vogel" der Brüder Grimm gelangt der junge König nur als Falke zur geliebten Prinzessin. Am bekanntesten ist Boccaccios Falken-Novelle, in der es um die Opferbereitschaft und Liebe des Edelmannes Federigo geht.

Den Falken streicheln – bedeutete einst, jemandem zu schmeicheln. Bei Hans Sachs heißt es: *und must den falken künnen streichen.*

Fasan

Goldfasan (Phasianus colchicus).

Das Tier

Fasane *(Phasianus colchicus)* sind Hühnervögel. Der etwa 85 Zentimeter Länge erreichende Hahn, der in der Brutzeit meist mit ein bis zwei Hennen zusammenlebt, fällt durch sein farbenprächtiges Gefieder und seine stark verlängerten Schwanzfedern auf, während die kleineren, etwa 60 Zentimeter messenden Hennen eine bräunliche Tarnfärbung tragen. Die sich zumeist von Samen und Beeren, aber auch von Insekten und anderen Kleintieren ernährenden scheuen Vögel meiden offene Landschaften, sie bevorzugen stattdessen lichte Wälder mit Unterwuchs oder schilfbestandene Feuchtgebiete.

Das Verbreitungsgebiet reicht vom Schwarzen Meer bis nach China und Sibirien. Vor allem zu Jagdzwecken wurde die Art in Europa, den USA und anderen Teilen der Welt eingeführt. Die in Europa angesiedelten Fasane sind meist aus den verschiedensten Rassen entstanden. Es gibt viele in Aussehen und Farbe abweichende Arten, wie den Jagdfasan mit weißem Halsring, und Vögel, die keinen Halsring haben. Der Böhmische Kupferfasan ist der Nominatform ähnlich. Der torquatus-Typ (Chinesischer Reisfasan) hat einen weißen Halsring, der zur Brust oder zum Nacken hin offen sein kann.

Das durch einen Ringfund belegte Höchstalter eines freilebenden Fasans betrug sieben Jahre und sieben Monate. Untersuchungen belegen eine hohe Sterblichkeitsrate von etwas über 80 Prozent im ersten Jahr, deren Ursache noch nicht schlüssig erforscht ist.

Der Name

Der Name Fasan wurde aus dem lat. *phasianus* als ahd. *fasiān* entlehnt, zur Verdeutlichung mit *fasihuōn* (Fasanenhuhn) bezeichnet. Im 12. Jahrhundert entstand die von frz. *faisan* abgeleitete Form *fasān*.

Das Grimmsche Wörterbuch erläutert: *mhd. fasân, fasant, it. fagiano, fr. sp. faisan, engl. pheasant, nnl. fazan, böhm. bažant, poln. bazant, ungr. fátzan. man verfiel leicht auf fashan und fashun für männchen und weibchen, als seien sie mit hahn und huhn gebildet.*

Der wissenschaftliche Name *Phasianus* stammt ursprünglich aus der griechischen Sprache, was die Schreibweise mit ph (= phi) verdeutlicht. Der griechische *Phasianós* ist ein in der Gegend des Flusses Phasis (heute Rioni) am Schwarzen Meer beheimateter Vogel. Die Gegend ist auch unter dem Namen Kolchis aus der Mythologie bekannt, was Linnés Beifügung *colchicus* für den Gemeinen bzw. Jagdfasan dokumentiert. Die Argonauten des Iason haben ihn von ihrer Reise an die Kolchis nach Europa mitgebracht.

Der Goldfasan *(Chrysolophus pictus)* hat seine wissenschaftliche Benennung vom griech. *chryssos* (= Gold) und *lophos* (= Kamm des Geflügels, Haube). Das lat. Attribut *pictus* bedeutet bunt, farbig.

Die Legende

Wenn man von einem Fasan träumt, weiß der Volksmund, so kündigt das kommenden Wohlstand und Glück an.

Angeführt von dem Königssohn Iason (= der Heilende) begaben sich einst 50 griechische Krieger auf die Suche nach dem Goldenen Vließ. Sie überquerten auf dem Schiff Argo das Schwarze Meer und gelangten bis zur Kolchis. Von dort brachten sie nach zahlreichen überstandenen Abenteuern nicht nur das sagenumwobene Widderfell mit, sondern auch einen bis dahin unbekannten Vogel: den Fasan, der bald auf den Tischen der reichen Gourmets serviert wurde.

Aber nicht nur bei den Reichen war der Fasan als Speise beliebt, wovon die Redeweise Zeugnis gibt: *Das Bessere ist der Feind des Guten, sagte der Pfaff, ließ die Brattaube liegen und griff nach dem Fasan.*

Der italienische König Victor Emanuel pflegte einen aufwändigen und kostpieligen Lebensstil. Häufig musste er seinen Finanzminister bitten, Geld für ihn aufzutreiben. Der Minister seinerseits war das Gegenteil seines Herrn und also sehr knauserig. Um ihn geneigter zu stimmen, schickte der König einen gebratenen Fasan, bald waren es zwei, bald drei, die den Haushälter zugänglich machen sollten. Daraus entstand, wenn wieder einmal Fasanenbraten gebracht wurde, die Redensart: *Es scheint, der König benötigt Geld.*

Aristophanes lässt Pheidippides in „Die Wolke" ausrufen: *Nein wahrlich, beim Dionysos, nein, und gäbst du mir / Die Goldfasanen aus dem Park des Leogoras.* Leogoras war ein berüchtigter Schlemmer. Eine ähnliche Anspielung findet sich später bei Seneca, wenn er den Tafel-Luxus römischer Herren beschreibt.

Aristoteles schildert das Sandbaden des Fasans gegen Läuse. Und über König Krösus steht bei Zedler: *dannhero als der König Croesus in seiner grösten Pracht, in Szepter und Cron, mit Purpur, Gold und Edel-Gesteinen bedeckt, dem weisen Soloni sich zeigte, und ihn, ob er jemahls wohl etwas schöners gesehen, befragte, antwortete Solon: Mich bedüncket, daß die Fasanen und Pfauen schöner seyn, denn sie mit einem natürlichen Zierath prangen, und keiner angenommenen Schminke von Nöthen haben.*

Ebenfalls bei Zedler findet sich eine amüsante Beschreibung des Vogels: *Es ist der Fasan ein närrischer Vogel, welcher, wenn er allein den Kopff in die Erde steckt, mit dem gantzen Leib verborgen zu seyn vermeynt, und wenn er seinen Schatten in einem Wasser siehet, verliebt er sich dermassen in seine Schöne, das er von dannen nicht weichen kann, sondern sich eher mit den Händen fangen und greiffen lässet.*

In seiner ursprünglichen Heimat ist der Fasan Gegenstand vielfältigen Aberglaubens und Zaubers. In China war er das Symbol für Licht, Wohlstand, Glück und Schönheit, in Japan für Schutz, Mutterliebe und Tugend. Wenn der Fasanenruf nicht zu Beginn des zwölften Monats zu hören war, musste mit einer gewaltigen Flutkatastrophe gerechnet werden. Erklang sein Ruf nicht in der Mitte dieses Monats, würden die Frauen zu Verderbtheit neigen und die Männer, gelegentlich auch in Gestalt von Fasanengeistern, verführen. Auch erscheint er als neunköpfiger Begleiter der Schöpfergöttin Nüwa. Und der chinesische Fenghuang als Glückssymbol trägt einen Fasanenkopf.

In der bildenden Kunst wurde der Fasan oft anstelle des Pfaus als Symbol der Auferstehung (Phönix), für die Göttin Hera, als Symbol der Liebe, der Wollust oder des Hochmuts dargestellt. Auch als beliebtes Motiv in Jagdstillleben und Landschaftsgemälden wird der Fasan abgebildet.

Fenghuan, ein chinesisches Glückssymbol mit Fasanenkopf im Palast von Peking. Quelle: wikipedia.

Im Mittelalter war der Fasan Inbegriff von Luxus und Völlerei. In der Volksmedizin fanden Blut, Fett, Galle und Kot sowie als Räuchermittel die Federn des Vogels Verwendung. Pesttraktate rieten zum Verzehr gegen Fieber und Pest.

In der deutschen Märchenwelt und Literatur kommt der Fasan so gut wie nicht vor. Bei Clemens von Brentano findet sich im „Märchen von dem Hause Starenberg und den Ahnen des Müllers Radlauf" die Gedichtzeile *Der Goldfasan, der führte mich zum Tanzplan.*

Bei Goethe findet sich die sarkastische Bemerkung: *sie geberden sich wie fasanen, die man bei der laterne schiesst.* Im Oktober 1780 schrieb er an Charlotte von Stein: *Im Begriff nach Mühlhausen zu fahren, wo Mephistopheles Merck hinkommt schick ich noch zwey Fasanen von der gestrigen Jagd.*

Fink

Bergfink (Fringilla montifringilla), Buchfink (Fringilla coelebs) und Stieglitz (Carduelis carduelis).

Das Tier

Die Finken *(Fringillidae)* sind mit 40 Gattungen, von denen sechs ausgestorben sind, und etwa 200 Arten, von denen 14 nicht mehr existieren, eine der artenreichsten Familien aus der Ordnung der Sperlingsvögel *(Passeriformes)*. Der bekannteste Singvogel aus dieser Gattung ist der Buchfink *(Fringilla coelebs)*.

Das Buchfinkenmännchen erkennt man an seinem blaugrauen Oberkopf und Nacken, die Unterseite ist braunrot, der Schnabel stahlblau. Das Weibchen hat auf der Oberseite eine grünlich-braune, auf der Unterseite eine hellere grau-braune Färbung. Der Schnabel ist hellbraun. Beide haben zwei auffällige weiße Flügelbinden und einen grünlichen Bürzel. Finken werden bei einem Gewicht von ca. 20 Gramm 14 bis 18 Zentimeter lang. Ihr Flug ist wellenartig.

Der sich von Beeren, Samen, Insekten und Spinnen ernährende Buchfink ist in ganz Europa (außer auf Island), Nordafrika und Westasien in Wäldern, Parkanlagen und großen Gärten bis in etwa 1.500 Meter Höhe verbreitet.

Der Kontakt- und Alarmruf des Buchfinken ist ein lautes „(s)pink, (s)pink", sein Flugruf ein gedämpftes „jüp, jüp". Wegen seines Gesanges wurde (und wird) der Buchfink auch als Käfigvogel gehalten und gezüchtet. Es werden zum Beispiel in Belgien regelrechte Wettbewerbe veranstaltet, indem man die Käfige immer näher aneinander stellt. Sieger ist der Fink, der als Letzter sein „Revier" mit seinem Gesang verteidigt.

Der Name

Der beliebte Singvogel hat seinen Namen von seinem Ruf (s)pink, (s)pink erhalten. Die heutige Schreibweise entwickelte sich aus dem ahd. *finc[h]o,* mhd. *vinke* und ist verwandt mit schwed. *spink* (= Sperling), ital. *pincione,* frz. *pinson* und auch dem griech. *spiggos.* Die seit dem frühen Mittelalter bekannte abwertende Bezeichnung Schmutz-, Mist- oder Dreckfink wird darauf zurückgeführt, dass der Vogel seine Nahrung gelegentlich auch aus Pferdemist pickt.

Seit Ende des 18. Jahrhunderts bezeichnete man Freistudenten, die keiner Verbindung angehörten, verächtlich als Finken.

Die Bezeichnung Buchfink kennt man bereits im 13. Jahrhundert. Sie geht wahrscheinlich auf eine der Lieblingsspeisen des Vogels, die Bucheckern, zurück.

Der wissenschaftliche Gattungsname *Fringilla* ist der lateinischen Sprache entnommen. Das Attribut *coelebs* bedeutet sinngemäß unverheiratet (man denke an Zölibat). Finkenhähne fliegen zeitlich getrennt von den weiblichen Tieren aus den nördlichen Brutgebieten Richtung Mittelmeer. Die älteren Männchen kommen früher zurück oder bleiben vor Ort, um rechtzeitig ein Revier abzustecken und zu verteidigen. Diese Beobachtung führte zu der ungewöhnlichen Beifügung.

Die Legende

Der Fink mit seinem unermüdlichen, aufmunternd klingenden Gesang hat die Menschen über Jahrtausende begleitet und Anlass für zahlreiche Mythen, Legenden und Märchen gegeben. Aber sein Gesang ist ihm auch oft zum Verhängnis geworden, denn er wurde gefangen und in einen engen Käfig gesperrt, um seinen Besitzer zu erfreuen.

Einer der berühmtesten Vogelsteller war der Sachsenfürst Heinrich. Über ihn erzählt man sich, er habe die Nachricht, dass er zum Kaiser gewählt wurde, von einer Fürstendelegation im Jahre 919 erhalten, als er auf Vogelfang unterwegs war. Heinrich der Vogler wurde er später genannt, auch Heinrich der Finkler. Diesen Namen trug allerdings auch ein Minnesänger, der um 1275 als fahrender (gemeint: reisender) Sänger durch die Lande zog.

In dem Buch „Mathos Vogel" von Lieckfeld und Straaß wird eine amüsante Geschichte aus Norddeutschland über einen Pfarrer erzählt, der einem *plietschen Kierl* (einem pfiffigen Burschen) gegen gutes Geld den Auftrag erteilte, einen berühmten Finken samt Käfig aus dem Nachbardorf zu besorgen. Der kam auch nach einer gewissen Zeit zurück, aber mit leerem Käfig. Verärgert wollte der Pfarrer wissen, was das zu bedeuten habe. Der Bursche berichtete, er hätte sich auf dem ganzen Weg ausgezeichnet mit dem Vogel unterhalten, als der aber wissen wollte: „Slöppt de Paster noch mit sien Köcksch?" (Schläft der Pastor noch mit seiner Köchin?) – da habe er ihn davongejagt. „Gout, gout so!", habe der Kirchenmann erleichtert geantwortet.

Der Kontakt- und Alarmruf des Finken hat ihm also seinen Namen gegeben. Dem fleißigen Sänger wurden an einem einzigen Tag 4.500 Strophen nachgesagt. Selbst wenn das übertrieben erscheint – guter Durchschnitt sind immerhin noch 2.000. Und diese vielen Gesänge gaben Anlass zu zahlreichen Deutungen. In Christian Franz Paullinis „Kleine, doch curieuse Bauren-Physik" findet sich der Verweis: *Wenn die Finken des Morgens frueh auf den Dächern singen, deutet das auf Regen.*

Berthold Auerbach weiß zu berichten: *Ein nächtlicher Gesang bis daß es tagt auf einem blätterlosen Kirschbaum klagt der Fink regenverkündend: es gießt! es gießt!* Ähnlich lautet auch die von Anton Birlinger aufgeschriebene Wetterprognose: *Wenn der Regenvogel schreit, so regnet es bald, denn er schreit immer: „schütt! schütt! schütt!"*

In unterschiedlichen Lebensräumen können regionale Dialekte ausgemacht werden. Neben „pink" gibt es das als Regen verkündend angesehene „trürr" (gedeutet als „trüb"). Andere haben den Regenruf lautmalerisch als „trief" gedeutet.

Heinrich wird beim Vogelstellen im Wald die Königskrone angetragen (Historiengemälde von Hermann Vogel, um 1900; Ausschnitt).

Wie verlässlich solche Vorhersagen sind, belegt vielleicht die Tatsache, dass es noch ein Dutzend anderer und auch gegenteiliger Behauptungen gibt, die in aller Regel mehr eine Deutung der unterschiedlichen Melodien sind, als dass der Fink tatsächlich als zuverlässiger Wetterprophet ernst genommen werden kann.

Von einer anderen Wetterregel erzählt Karl Bartsch: *Zeigen sich im Winter Spatzen, Finken, Ammern nahe bei der Wohnung mit struppigem Gefieder, so gibts strenge Kälte.*

Bei Abraham á Santa Clara (in „Judas Ischarioth war Anfangs ein stiller Dieb") erscheint der Fink als Mitglied eines ganzen Orchesters. *Hof-Musikanten waren die Vögel der Luft: der Rab war sein Bassist, die Amsel war der Tenorist, der Fink war der Altist, die Nachtigal war der Discantist, der Gimpel spielte auf der Viol de Gamba, die Elster auf dem hölzernen Gelächter, der Baumhäckel auf dem Hackbrettel etc.*

Die Fähigkeit der Tiere, aber auch die von Pflanzen, sich rechtzeitig auf Wetterumschwünge oder Naturkatastrophen einzustellen, ist in der Literatur vielfach beschrieben. Der russische Schriftsteller Litinezki erzählt zum Beispiel von einer Begegnung mit einem Jäger aus dem Ussuri-Gebiet, der auf kommendes Unwetter hinwies, weil die Finken ständig unruhig hin und herflatterten. Noch am Abend erinnerte der Jäger, dass sich die Vögel am Morgen beim Futter sammeln beeilt hatten, nun aber völlige Stille herrschte. In der Nacht brach ein heftiges Unwetter mit starkem Schneetreiben los. Die Vögel hatten es im Voraus „gewusst".

Graugans

Graugans (Anser anser).

Das Tier

Die Graugans *(Anser anser)* aus der Gattung Feldgänse *(Anser)* gehört in die Familie der Entenvögel *(Anatidae)*. Sie ist ein Brutvogel Nord- und Osteuropas sowie Asiens.

Die Vorderflügel sind auffällig hell, während das Bauchgefieder deutliche schwarze Flecken hat. Der Hals wirkt kräftig. Der Schnabel ist groß und klobig. Graugänse erreichen eine Länge von 75 bis 90 Zentimetern, die Flügelspannweite kann bis zu 180 Zentimeter messen. Ausgewachsene Gänse haben ein Gewicht von zwei bis vier Kilogramm. Die männlichen Tiere sind schwerer als die weiblichen.

Die Küken der bis zu 17 Jahre alt werdenden Gänse (ältester Ringfund) sind zunächst an der Oberseite olivbraun. Im ersten Jahreskleid gleichen die Jungvögel den Altvögeln, haben aber nur wenige oder gar keine schwarzen Bauchfedern. Die Brutplätze befinden sich in Großbritannien, Skandinavien (außer den küstenfernen Gebieten) sowie im Norden von Kontinentaleuropa.

Die Überwinterungsgebiete der tag- und nachtaktiven Vögel liegen an der Westküste der Iberischen Halbinsel, den Nordküsten Algeriens und

Tunesiens sowie an den Küsten der Adria. Populationen mit mehreren zehntausend Gänsen rasten regelmäßig im Nationalpark Neusiedlersee-Seewinkel im österreichischen Burgenland auf den brachliegenden Wiesen.

Die Graugänse ziehen für gewöhnlich im Winter nach Süden. In den letzten Jahrzehnten wurde eine Tendenz beobachtet, wonach sie immer häufiger, verursacht durch klimatische Veränderungen und eine intensive Landwirtschaft, zu Standvögeln werden.

Graugänse sind partnertreu, verpaaren sich aber bei Verlust des Partners neu. Zum Brüten bauen sie Mitte März bis Ende April flache Nestmulden, die mit einer dünnen Schicht Daunen ausgelegt werden. Graugänse haben nur ein aus vier bis sechs Eiern bestehendes Gelege pro Jahr. Die Bebrütung durch das Weibchen beginnt mit der Ablage des letzten Eies. Das Männchen hält sich wachsam in der Nähe auf. Nach 27 bis 29 Tagen schlüpfen die Jungen, deren Aufzucht etwa 50 bis 60 Tage dauert. Meist bleiben die Jungtiere bis zur nächsten Brut mit den Elterntieren zusammen und sind auch später oft bei diesen anzutreffen.

Unsere Hausgänse sind domestizierte Graugänse.

Der Name

Der altgermanische Vogelname Gans geht mit verwandten Wörtern auf das *indog. ghans* zurück; griech. *chen,* lat. *anser,* niederl. *gans,* engl. *goose,* schwed. *gås.* Das Ursprungswort gehört zu den sogenannten Gähnlauten, der Name ist nach dem Ausfauchen des Vogels mit aufgesperrtem Schnabel gewählt. Analog zu Enterich nennt man das männliche Tier Gänserich, aber auch Ganterich, Ganter (Norddeutschland) oder Ganser (Süddeutschland). Gänseküken werden auch als Gänsel oder Gössel bezeichnet. In der Fabel heißt die Gans Adelheid (oder bei Wilhelm Busch in „Zu guter Letzt" Alheid, das ist die Geschwätzige. Eigentlich bedeutet der Name *von edlem Wissen.*

Der wissenschaftliche Gattungs- und Artname *Anser anser* entspricht dem lateinischen Wort für Gans.

Die Legende

Schon in den frühesten Mythen der Völker spielen Gänse eine wichtige Rolle, ein Beleg dafür, wie eng das Leben der Menschen mit dem Vogel verbunden ist, der von den Römern und den Germanen zu unserer heutigen Hausgans domestiziert wurde.

Erste Belege finden sich in der Literatur schon bei den Ägyptern, die in der Nilgans *(Alopochen aegyptiacus)* den Weltschöpfer sahen, der das Urei auf dem Urhügel abgelegt hat, aus dem die Sonne Re schlüpfte, das Licht, welches die Welt erschuf. Weil sie das Schweigen der Welt mit ihrem Ruf brach, wurde sie mit dem Titel „Große Schnatterin" belegt.

Eine Gans ist auch Symbol und Begleittier des indischen Gottes Brahma, der sich von ihr an jeden Ort im Universum fliegen lassen kann. Sie ist an seinem bedeutendsten Tempel im indischen Pushkar aus dem 14. Jahrhundert über dem Eingangstor abgebildet. Der Flug der Gänse wird von den Hinduisten als Melodie von Gottes ein- und aushauchendem Atem gedeutet.

In einer frühen Version von Zeus als Schwan hat er sich nicht in Leda, sondern in die Rachegöttin Nemesis verliebt, die sich in eine Gans verwandelte, um ihm zu entkommen. Sogleich war er in Gestalt eines Schwans zur Stelle, verführte und schwängerte sie. In vielen Märchen und Sagen ist es mal ein Schwan, mal eine Gans, aber immer die gleiche Geschichte.

Die Griechen ordneten Aphrodite symbolisch eine Gans zu, die auch als Zeichen der Gattentreue häufig auf Grabsteinen abgebildet wurde. Von dem griechischen Philosophen Lakydes (3. Jahrhundert vor Christus) heißt es, dass ihn ständig eine Gans begleitet habe.

Plinius berichtete von Gänsen in Germanien, die selber oder ihre Federn bis nach Rom bezogen wurden. Er nannte die Morini, ein belgisches Volk, von wo sie herdenweise bis Rom getrieben wurden. *(Aucae minores albae, quae et gantes dicuntur.)* Dass die Römer der Gans im täglichen Leben mit Respekt begegneten, beweist der mit dem Beiwort *Anser* versehene Name eines Dichters des Augusteischen Roms, Zeitgenosse und Gegner Vergils und Ovids. In Aegium, lesen wir ebenfalls bei Plinius, sei eine Gans in Liebe zu dem schönen Knaben Amphilochus entbrannt. Eine andere sei in die Harfenspielerin des Königs Ptolemäus verliebt gewesen.

Die berühmtesten Gänse der Antike sind jedoch die, die zu Ehren der römischen Göttin Juno gehalten wurden, weil sie 387 v. Chr. das Capitol durch ihr lautes Geschnatter vor dem überraschenden Angriff der Gallier gerettet haben, wie der römische Geschichtsschreiber Titus Livius schilderte. Den Hunden bekam ihre Unaufmerksamkeit übrigens teuer zu stehen. Einige von ihnen wurden sogar gekreuzigt.

Nach solcher Heldentat nimmt es nicht wunder, dass die Römer ihrem Kriegsgott Mars die tapferen Gänse zuordneten. Und um ihre Schiffe vor dem Untergang zu bewahren, haben die Römer deren Heck durch einen Gänsehals aus Gold oder Blei geschmückt.

Bei aller Heiligkeit vergaßen die Römer nicht, dass die Gans über ein schmackhaftes Fleisch und wunderbar weiche Daunen verfügt. Als besondere Delikatesse galt die Leber einer Mastgans. Von Kaiser Heliogabal heißt es sogar, dass er seine Lieblingshunde mit Gänseleber fütterte. Bei den Römern waren die aus Germanien importierten Gänse so beliebt, dass man sie nicht mit dem eigentlichen lateinischen Namen *anser* bezeichnete, sondern mit dem latinisierten germanischen Wort *gantae*. Ob der Gänsekiel als Schreibfeder auch ein Import aus Germanien ist, kann bezweifelt werden. Erste Erwähnung findet er bei dem Ostgotenkaiser Theoderich von Ravenna und dem Gelehrten Isidor von Sevilla.

Der Junobrunnen in Rom, einer der „Vier Brunnen".

Bei Goethe lesen wir: *Man sagt, Gänse seien dumm.* Woher diese ungerechte Beurteilung kommt, ist ungewiss. Denkbar wäre, das Geschnatter der Gänse mit dem „Geschnatter" der Frauen auf dem Gänsemarkt in Verbindung zu bringen: *drei frawen, drei gäns und drei frösch machen ein jahrmarkt*. Vielleicht war diese abfällige Einschätzung auch der Grund, weshalb sich Gensfleisch von Sorgenloch lieber Gutenberg nannte.

Zahlreiche Redewendungen haben mit Gänsen zu tun. So heißt es in einem mittelalterlichen Text: *wer hie uf erden velschlich wirbt, / ob der eins unrechten todes stirbt, / das sei den wilden gensen klagt.* Hier spielt der Gedanke an die Götter eine Rolle, denen die heiligen Vögel verbunden sind. Eine ähnliche Deutung liegt auch Schillers „Kranichen des Ibykus" zugrunde, denn Gänse, Schwäne und Kraniche wurden in der Antike oft miteinander gleichgesetzt.

Gänse spielen in vielen Märchen eine Rolle, so bei den Brüdern Grimm, die von einer goldenen Gans erzählen. Der Dummling genannte dritte Sohn eines Holzhauers fällte einen Baum, in dessen Wurzeln eine Gans mit goldenen Federn saß. Er nahm sie mit ins nächste Wirtshaus, wo die drei Töchter des Wirtes gern heimlich eine der goldenen Federn ausreißen wollten. Aber nacheinander blieben sie mit ihren Fingern an der Gans kleben. So ging es auch dem Pfarrer und dem Küster. Natürlich bekommt der junge Bursche am Ende die Königstochter zur Frau.

Und wahrscheinlich kennt man in jedem Haus die wunderbare Erzählung von der Weihnachtsgans Auguste, die Friedrich Wolf erfunden hat.

67

Hänfling

Bluthänfling (Carduelis cannabina) und Berghänflinge (Carduelis flavirostris).

Das Tier

Der Bluthänfling *(Carduelis cannabina)* ist ein in Europa, Nordafrika, Vorderasien und im westlichen Zentralasien verbreiteter Finkenvogel *(Fringillidae)*, der Busch- und Heckenlandschaften im Tiefland bevorzugt. Seine Nahrung setzt sich vor allem aus Sämereien von Wildkräutern, aber auch Baumsamen zusammen.

Der Hänfling ist von sprichwörtlich schlanker Gestalt, hat einen kurzen Hals und dünne Füße. Deutlich erkennbar sind die kastanienbraune Oberseite und der graubraune Kopf. Die Schwingen sind dunkelbraun und weiß gebändert. Die Körperlänge beträgt etwa 13 bis 14, die Flügelspannweite etwa 23 Zentimeter.

Das männliche Tier trägt im Unterschied zum normalen Schlichtkleid ein typisches Prachtkleid mit leuchtend karminroter Stirn und Brust. Die weißliche Kehle zeigt braune Streifen. Der Rücken ist rotbraun, die Schwingen und Schwanzfedern haben weiße Säume. Die Unterseite ist gelblichbraun und mehr oder minder deutlich dunkler längsgestreift. Das Weibchen hat keine Rottönung des Gefieders.

Der Bluthänfling kann mit dem Berghänfling *(Carduelis flavirostris)* und dem etwas kleineren Birkenzeisig *(Carduelis flammea)* leicht verwechselt werden.

Die tagaktiven Bluthänflinge verlassen ihren Schlafast bei Tagesbeginn, bei Sonnenuntergang kehren sie wieder auf ihn zurück. Häufig suchen die Vögel im Schwarm die Umgebung nach Nahrung und auch nach Nistmaterial ab.

In der Krünitzschen „Oekonomischen Encyklopädie" wird die Sangeskunst des Vogels so beschrieben: *Er ist einer der besten Gesangvögel, und sehr singbegierig, so daß er auch im Herbste bey ziemlich kaltem Wetter, wenn nur nicht wirklich Frost einfällt, seinen Gesang fortsetzt; ja, wenn es auch stark friert, und nur die Sonne warm scheint, so läßt er sich dennoch auf den Bäumen mit seinem Gesange hören; doch ist der Gesang alsdenn so lieblich nicht, als im Frühlinge, da er seine Abwechselung, fast wie eine Nachtigalle, viel angenehmer eintheilt, indem er bald inne hält, bald wieder anstimmt.*

Der Name

Der Hänfling hat seinen Namen von Hanf, dessen Samen er besonders gern frisst. Der Artname Bluthänfling bezieht sich auf das Prachtkleid des männlichen Vogels besonders während der Paarungszeit. Hanf kommt aus einer unbekannten südosteuropäischen Sprache, ahd. *hanaf.* Damit verwandt ist griech. *kannabis.* In einigen Regionen sagt man Artsche, Flachsfink, Hanfer, Hanffink, Hanfvogel, Hemperling, Krauthänfling, Mehlhänfling, Rotbrüster, Rothänfling, Rotkopf oder Rubin. Der Berghänfling heißt auch Felsfink, Gelbschnabel, Greinerlein, Quitter oder Steinhänfling.

Der Gattungsname *Carduelis* geht zurück auf lat. *carduus* (= Distel) und bezieht sich allgemein auf die Finkenvögel. Der zur Familie gehörige Stieglitz *(Carduelis carduelis)* trägt auch den Namen Distelfink.

Der Artname *cannabina* ist abgeleitet von griech./lat. *kannabis/cannabis,* wonach das deutsche Wort Hanf gebildet wurde.

Die Charakterisierung des Berghänflings *flavirostris* weist auf die rostrote Färbung des männlichen Brustkleides hin, ebenso das *flammea* des Birkenzeisigs, dessen anderer Gattungsname *Acanthis* von griech. *akantha* (= Distel, Dornstrauch) gebildet wurde.

Die Legende

Der Hänfling war und ist noch immer ein beliebter Stubenvogel, weil er ein unermüdlicher Sänger ist. Alfred Brehm schreibt: *Mit Recht gilt der Hänfling als einer der beliebtesten Stubenvögel. Er ist anspruchslos wie wenig andere, befreundet sich nach kurzer Gefangenschaft innig mit seinem Gebieter und singt fleißig und eifrig fast das ganze Jahr hindurch. Im Zimmer echter Liebhaber fehlt er selten.*

Barthold Heinrich Brockes dichtet:
Wie lieblich musicirt und singet, Gott zum Preise,
Der Stieglitz, Emmerling, der Hänfling und die Meise.

Gottlieb Konrad Pfeffel schildert in einem Lehrgedicht, wie mitgefangene Vögel einen Hänfling trösten wollen, der höchst unglücklich über die Gefangenschaft war, indem sie ihm eindringlich beschrieben, wie sicher er doch im Käfig sei gemessen an den Gefahren, die überall in freier Wildbahn drohen. Aber der Hänfling hält entgegen:

„Ich glaube, dass du glücklich bist",
versetzt' der Hänfling; „hier geboren,
hast du, mein Lieber, nichts verloren;
ich aber weiß, was Freiheit ist."

Wie wenig dem Vogel die Gefangenschaft wirklich bekommt, zeigt sich nach der ersten Mauser. Zwar bleibt er ein munterer Sänger, aber die schöne Färbung des Gefieders verblasst deutlich.

Magnus Gottfried Lichtwer hat sich ebenfalls mit dem Hänfling befasst, dem er ein ganzes Gedicht widmete, in dem er beschreibt, wie ein junger stolzer Hänfling sein erstes Nest in eine Eiche baut, die bald vom Blitz getroffen wird. Sein zweites errichtete er in einem niedrigen Gesträuch.
Doch Staub und Würmer zwangen ihn,
Zum andernmal davon zu ziehn.

Schließlich findet er in aller Bescheidenheit seinen Platz:

Und las ein dunkles Büschchen aus,
Wo er den Wolken nicht zu nahe,
Doch nicht die Erde vor sich sahe.
Ein Ort, der in der Ruhe liegt:
Da lebt er noch, und lebt vergnügt.

Im Gedicht „Der Hänfling des Papstes" erzählt Friedrich von Hagedorn, wie Papst Johannes XXIII. die Verschwiegenheit der Nonnen prüfte, die ihn gebeten hatten, in Zukunft nur noch ihren Geschlechtsgenossinnen beichten zu müssen, da es den Nonnen schwer fiele, all ihre kleinen Geheimnisse und lässlichen Sünden einem Manne anzuvertrauen. Scheinbar ging der Papst auf diese Bitte ein und hinterließ ein Kästchen mit dem ausdrücklichen Hinweis, dass es nicht geöffnet werden dürfe. Natürlich trieb die Nonnen die Neugier um. Sie öffneten die Schatulle und heraus flog ein Hänfling. Als der Papst wieder zu ihnen kam, um angeblich die Bitte der Nonnen zu erfüllen, war das Kästchen leer; sie waren also nicht in der Lage gewesen, ein Geheimnis für sich zu behalten: Es blieb dabei, nur Männer dürften die Beichte abnehmen. *Das schönere Geschlecht ist sinnreich und verschmitzt, / Doch zum Geheimniß nicht erzogen. / Dem Priester nur geziemt, daß er euch Beichte sitzt.*

Hans Christian Andersen erzählt im Märchen von einem Flaschenhals, der zu nichts anderem mehr nutze schien, als einem Hänfling, der *von Stange zu Stange hüpfte und sang, dass es schallte*, als Trinknäpfchen zu dienen. Und der, wohl inspiriert von des Vogels munterem Gesang, sich eine wunderlich-schöne Geschichte ausdachte.

Im Volksmund heißt einer, *der nicht genug Speck auf den Rippen hat* und auch sonst ein armer Wicht ist, Hänfling. Eine Zeitung schrieb über den Basketballspieler Dirk Nowitzki, der einst verspottet wurde wegen seiner hageren Gestalt und es dann zu Weltruhm brachte: *Vom Hänfling zum Korbmonster.* Ob „Korbmonster" ein freundliches Wort ist, sei dahingestellt.

Huhn

Hühner verschiedener Rassen.
1. Reihe: Gelbe Kotschinchina; Langschan glattfüßig, schwarz; Plymout Rocks, gesperbert; Silber-Wyandottes.
2. Reihe: Mechelner Kuckuckshühner; Englische Kämpfer, goldhalsig; Crève cœurs; Minorka.
3. Reihe: Rebhuhnfarbige Italiener; Hamburger Silberlack; Ramelsloher; Federfüßige Zwerghühner.

Das Tier

Das zur Familie der Fasanenartigen *(Phasianidae)* gehörende Haushuhn *(Gallus gallus domesticus)* ist eine Zuchtform des südostasiatischen Bankivahuhns *(Gallus gallus)*. Abhängig von der Rasse wiegen Hühner zwischen 1,5 bis fünf Kilogramm, wobei der mit einem – deutlicher als bei den Hennen – ausgeprägten, roten Kamm ausgestattete Hahn in der Regel deutlich größer ist als die Henne. Außerdem verfügt der Hahn über einen großen sichelförmigen Schwanz und über ein meist prächtigeres Federkleid. Ausgewachsene Hähne haben über der Hinterzehe einen Sporn, der als Waffe bei Angriffen dient.

Hühner ernähren sich von Gras, Körnern, Würmern, Schnecken, Insekten und sogar Mäusen. Charakteristisch ist das Scharren mit den Füßen, um an

Nahrung zu gelangen. Im Magen zerkleinern Gastrolithen (mit dem Futter verschluckte Steine) die harte Nahrung.

Die Hennen legen durchschnittlich ungefähr 250 bis 300 Eier im Jahr. Die Brutdauer beträgt im Normalfall 21 Tage. Das Federkleid der Hühner ist von Rasse zu Rasse unterschiedlich gefärbt und gezeichnet. Züchter legen auf eine besondere Federbildung (Seidenhuhn, Strupphühner) großen Wert. Jährlich einmal im Herbst wechseln die Tiere das Gefieder (Mauser). Das der Hennen leidet allerdings durch den Tretakt (Geschlechtsakt) des Hahnes so stark, dass sie im Sommer manchmal fast nackt auf dem Rücken und am gesamten Körper sind. *Ein guter Hahn ist vor zehen bis zwölf Hühner gut*, steht bei Krünitz.

Der Name

Mit Huhn oder Henne wird das weibliche Tier bezeichnet. Die Mehrzahl Hühner gilt aber auch für die gesamte Gattung. Huhn und Henne gehen zurück auf ahd. *huon* und sind parallel zu *hanan* für Hahn gebildet. Grimms Wörterbuch schreibt: *ahd. hôn, huon, mhd. huon; alts. hôn; niederl. hoen; altnord. findet sich das neutr. plur. hœns und hæns, hahn und henne, hühner, auch hœnsn und hœsn, das als dän. höns hühner, schwed. höns huhn fortlebt.*

Lautmalerisch gebildet ist das Wort Glucke für eine brütende oder ihren Nachwuchs lockende Henne.

Die aus dem Niederländischen übernommene Bezeichnung Küken (hochdt. auch Küchlein) für ein junges Huhn ist ebenfalls lautmalerisch *(kluckkluck)* gebildet. Es geht zurück auf mhd. *kūken*, niederl. *kuiken*, engl. *chicken* und steht auch im Zusammenhang mit Gockel (lautmalerisch für Hahn). In der Oberpfalz kennt man das Wort Hinkel für Huhn. In Westfalen heißt ein junges Huhn Pulle, nach lat. *pullus* (= Vogeljunges), woraus auch frz. *poularde* für junge Masthühner gebildet wurde. In Österreich und Süddeutschland trifft man auf die Bezeichnung Hendl.

Ein Kapaun ist ein verschnittener Masthahn. Die indogermanische Wurzel *(s)ke-bh* bedeutet schneiden, hauen, spalten (ahd. *kapo*, mhd. *kappe*). Das deutsche Wort Kapaun (mhd. *kappūn*) ist dem französischen *chapon, capon* entlehnt. Die Franzosen wissen: *Jamais geline n'aima chapon.* (Ein Huhn liebt keinen Kapaun.)

Der in der DDR gebrauchte und gelegentlich noch verwendete Begriff Broiler für ein Masthähnchen, der in der Fachsprache der Geflügelzüchter aller deutschsprachigen Länder ebenfalls verwendet wird, ist englischen

Ursprungs: *broil* = braten, grillen. Schon in den 1950er Jahren hatte eine Bremer Firma ein fleischreiches Huhn gezüchtet und dann an eine amerikanische Firma verkauft. Auf Umwegen über Bulgarien, wo man die Neuzüchtung in Anlehnung an das englische Wort *brojleri* nannte, kam der Begriff Broiler in die DDR. Erstaunlicherweise kennt man Broiler auch im Finnischen und Suaheli.

Die Legende

Das Krähen des Hahnes, meist mit dem Sonnenaufgang beginnend, diente im alten Rom als Zeitangabe: *Gallicinum* bezeichnet die Mitte zwischen Mitternacht und Sonnenaufgang. *Gott macht den Tag, und der Hahn kräht ihn aus.* Noch heute sagt man für ein Ereignis am frühen Morgen, es geschehe in der Frühe vor dem ersten Hahnenschrei. Über einen Hahn, der zur Unzeit kräht, sagt man in England, dem müsse man den Kopf abdrehen: *The cock that sings untimely, must have its head cut off.*

Für das Krähen des Hahns zu Tagesbeginn findet sich in alten Schriften die Erklärung, dass sich um die Zeit des Wechsels von Nacht zu Tag der Luftdruck verändert, was den Hahn zum Krähen veranlasst. Das Krünitzsche Wörterbuch hat eine besonders sinnige Lesart für den Weckruf parat: *Vielleicht hat der allweise Schöpffer dem armen Landmann zum besten dieses um zweyerley Ursachen willen verordnet; theils, daß er, wenn er keinen Seiger* [Uhr] *oder Glocken in der Nähe hat, ungefehr weissen möchte, wann der Morgen bald anbrechen würde; theils auch, daß mancher, wenn etwann Diebs-Rotten oder böse Leute einbrechen, die sich öfters noch bis um diese Zeit aufhalten, durch das Krähen des Haus-Hahns zur Munterkeit gebracht werde.*

Über einen Sterbenden heißt es: *Er geht den Weg, den schon viele gegangen sind. Der hört keinen Hahn mehr krähen.* Jesus sagte zu Petrus: *Bevor der Hahn dreimal kräht, hast du mich dreimal verleugnet.*

Als humorige Wetterprognose weiß der Volksmund: *Kräht der Hahn am Morgen auf dem Mist, ändert sich das Wetter – oder es bleibt, wie es ist.* Allerdings weiß man im Sauerland auch: *De Hahne op seinem eigenen Miste bitt scharp.*

In vielen Sprichwörtern und Redewendungen wird auf das stolzierende Gehabe eines Hahns Bezug genommen: *Er plustert sich auf wie ein Hahn.* Und mancher Mann wäre gern der *Hahn im Korb.*

In Mecklenburg kennt man die Redewendung: *„Man nich ängstlich", seggt dei Hahn tum Regenworm, da frett hei en up.* Wozu man in Ostpreußen die passende Erwiderung weiß: *„Bange machen gilt nicht", sprach der Regenwurm, und kam hinten wieder heraus.*

Sprichwörter über Hühner sind so häufig wie die vom Hahn: Die Letten sagen: *Ein geschenktes Huhn hat drei Hälften, ein gekauftes nur eine.*

Tröstlich ist die Weisheit: *Ein blindt Hun findt auch wol ein Korn.* Gelegentlich werden Glucken auch Enten- oder Gänse-Eier zum Brüten untergelegt. Der Volksmund weiß: *Ein Huhn, das Enten ausgebrütet hat, hat viel Sorgen.*

Zur Bronzezeit verkündete der Hahn mit seinem weithin zu hörenden Krähen als Lichtgott Ahura Mazda der Perser den neuen Tag und vertrieb die Dunkelheit. Er krähte auch, als der griechische Gott Apoll geboren wurde. Griechen und Römer setzten ihn an die Seite der Göttin der Morgenröte. Sie ordneten ihn aber auch Minerva und Äskulap zu. Die gallischen Kelten haben ihn zu ihrem Wappenvogel erhoben, was auf die Franzosen übertragen wurde. Der Name Gallier (lat. *gallina* = Huhn) soll auf die Römer zurückgehen, die die streitbaren Kelten mit Kampfhähnen verglichen.

Der Hahn galt und gilt wegen seiner ungezügelten Sexualkraft als Symbol der Fortpflanzung, was sich auch in dem Sprichwort manifestiert: *Ein guter Hahn wird selten fett.* Laut Krünitz bezeugen alle *Scribenten* dem Hahn, *daß er der unkeuscheste Vogel sey,* weil er seine Hühner mehrmals am Tag tritt, *hat zwar diese Kurzweil bald verrichtet, ob er gleich gar vielmahl kappen muß, ehe er dem Huhne zu einem einzigen fruchtbaren Eye hilft. Ja, es ist so ein unkeuscher Vogel, daß er, wo Hühner mangeln, auf andere Hähne steigt, und seine Lust mit ihnen büsset.*

Weil er die Nacht beendet, gilt der Hahn als Beschützer vor den dunklen Mächten, deshalb findet sich seine Darstellung auf Türmen und Gebäuden und Stallungen. Aber er wird auch dem Teufel zugeordnet, der an seinem Hut eine Hahnenfeder trägt, mit der die teuflischen Verträge unterschrieben werden. Der rote Hahn war das Symbol für Feuer. Wer einem den roten Hahn aufs Dach setzte, legte ein zerstörerisches Feuer.

Nicht geringer ist die Bedeutung des Hahns in der Volksmedizin. Blut vom Hahnenkamm half Kleinkindern beim Zahnen. Besprecherinnen übertrugen Krankheiten vom Menschen auf einen Hahn. Gegen Wochenbettfriesel der Wöchnerinnen verabreichte man eine Salbe von Hühner- und Kapaunenschmalz. Aus Hühnerfett, aber auch aus Hühnerkot mit Zwiebeln und Honig vermischt, bereitete man eine Salbe, um den Haarwuchs zu fördern. Gegen Typhus sollte das Blut eines Hahns helfen. In Ungarn und der Slowakei wurde ein schwarzer Hahn geschlachtet, um einen an Epilepsie Erkrankten zu heilen. Ging es um eine Frau, musste es ein weißer Hahn sein. Eine schmackhafte Hühnerbrühe hilft dem Kranken jedenfalls ohne allen faulen Zauber, wieder zu Kräften zu kommen.

Kauz

Waldkauz (Strix aluco).

Das Tier

Als Käuze werden verschiedene Gattungen aus der Familie der Eigentlichen Eulen *(Strigidae)* bezeichnet. Die Unterscheidung in Eule und Kauz ist nicht zoologischer Natur, sondern lautmalerischen Ursprungs in Bezug auf die klagenden und heulenden Rufe dieser Vögel. In der französischen Sprache werden Eulen ohne Federohren *Chouette* und solche mit Federohren als *Hibou* bezeichnet.

Die mittelgroße Eulenart Waldkauz *(Strix aluco)* ist von Europa bis nach Westsibirien und Iran verbreitet. Er kommt auch in Südostasien vor. Der Waldkauz brütet in Baumhöhlen und Mauerlöchern, in Felshöhlen und Dachböden. Waldkäuze ernähren sich von Mäusen, mitunter auch von Kleinvögeln. Sie haben eine gedrungene Gestalt, einen runden Kopf und eine rindenähnliche Gefiederfärbung. Vorwiegend in der Balzzeit ist der typische Ruf des männlichen Waldkauzes, ein langgezogenes, heulendes „Huh-Huhuhu-Huuuh", zu hören.

Das Verbreitungsgebiet des kleinen, kurzschwänzigen Steinkauzes *(Athene noctua)* erstreckt sich über Eurasien und Nordafrika. Als charakteristischer Bewohner der Baumsteppe jagt er bevorzugt auf dem Boden. Er wird bis zu 23 Zentimeter groß und verfügt über eine Flügelspannweite zwischen 53 und 58 Zentimetern. Auch ihm fehlen die Federohren. Das Gewicht der Männchen schwankt zwischen 160 und 240, das der Weibchen zwischen 170 und 250 Gramm. Das breit gefächerte Nahrungsspektrum reicht von Käfern, Regenwürmern und Grillen bis zu Mäusen, Kleinvögeln, Amphibien und Reptilien. Das umfangreiche Lautrepertoire umfasst bellende, schnarchende, miauende Laute bis klangvolle weiche Rufe.

Der Name

Der deutsche Vogelname Kauz, spätmhd. *kûze,* findet keine Ähnlichkeiten in anderen europäischen Sprachen und ist vermutlich eine lautmalerische Bildung nach dem Ruf des Vogels.

Auch das Grimmsche Wörterbuch kennt keine schlüssige Erklärung für die Herkunft des Wortes Kauz, listet aber verschiedene Eulenvögel als solche auf: *perl- oder schleiereule … brandeule, auch nachtkauz, baumkauz, waldkauz, … spatzkauz, besonders aber … steinkauz oder leichhuhn.* Als Pluralform findet sich in Goethes „Die Mitschuldigen" noch *die Kauzen.* Im 16. Jahrhundert gebrauchte man auch *die Keuze, sodass ein starkes kûz,* folgert Grimm, *schon vorher neben kûze bestanden haben wird.*

Der holde Mond erhebt sich leise.
Ein alter Kauz denkt nur an Mäuse.
(Wilhelm Busch)

Nach anderer Lesart könnte Kauz von Katze *wegen der ähnlichkeit des angesichts* abgeleitet sein, *weil sie bei nacht gleich scharf sehe und ebenso den mäusen nachstellen*, weshalb man sie *fliegende katzen* nennt, steht bei Grimm. Französisch heißt die Eule *chat-huant* (= höhnende Katze). *Als Kätzchen ging sie gestern um, / Als Käuzchen flog sie heute,* dichtete Hermann Löns.

In der griechischen Mythologie galt der Steinkauz als Sinnbild der Göttin Athene, worauf sich der Gattungsname des Steinkauzes bezieht.

Der Gattungsname des Waldkauzes *Strix* geht auf griech. *strinx* (= Zischer) zurück, der nach antiker griechischer Vorstellung den Kindern das Blut aussaugte. Die Beifügung *aluco* des Waldkauzes bezieht sich auf das rotbraune Gefieder, die des Steinkauzes *noctua* auf seine nächtliche Aktivität.

Die Legende

Der Kauz wird häufig als der Totenvogel bezeichnet, dessen Ruf das nahe Ende eines Menschen ankündigt. *Wenn bei Nacht … das Käuzchen, der Leichenvogel, … schreit, so stirbt bald Jemand. Der Ruf lautet „Kumm mit, kumm mit, mi grugt!"*, steht bei Karl Bartsch. Früher wurden nur die Zimmer der Sterbenden in der Nacht beleuchtet. Das Licht lockte Insekten an, die wiederum von Käuzen gejagt wurden. Für Kranke und Sterbende musste der Ruf des Vogels wie *Komm mit* geklungen haben. Die Bezeichnung Kirchen-, Toten- oder Leichenhuhn wird irrtümlich oft damit in Verbindung gebracht, dass die Vögel ihr Revier auf Friedhöfen haben. *Horch, horch! Grausig heult der Kauz. zwölf schlägt's drüben im Dorf. das Bubenstück schläft,* heißt es in Schillers Drama „Die Räuber".

Die bekannteste antike griechische Drachme trägt auf der Vorderseite das Porträt Athenes, der Göttin der Weisheit, und auf der Rückseite einen

Kauz mit einem Ölzweig. Ganz allgemein galten Eulen als Sinnbild der Weisheit. Plinius schrieb – irrtümlich aber –, der Steinkauz werfe sich auf den Rücken, um sich mit Schnabel und Krallen zu verteidigen.

Im Elsass ist es mit dem Ruf des klugen Kauzes allerdings nicht weit her, dort sagte man nämlich: *dumm wie e küz unter de vegel*, oder auch: *dumm wie e küz am helle dag*, weil er am Tag ziemlich unbeholfen erscheint. Vermutlich ist das auch der Grund, warum man einen schrulligen alten Mann als komischen Kauz bezeichnet. *Kauz und Eule dämisch dumm*, dichtet Grillparzer.

Steinkauz (Athene noctua). Quelle: Gesner „Historia animalum".

Goethe lässt seinen Faust gelassen Margarete antworten: *Es muss auch solche Käuze geben.* Sarkastisch formuliert Luther über den Papst: *da sitzt der kauz zu Rom mit seinem gaukelsack und locket alle welt zu sich mit irem gelt und gut.*

Die Vogelfänger haben oft Kauze als Lockvögel auf die Leimstange gesetzt, wie Friedrich Schmidt von Werneuchen, Verfasser ländlich-naiver Gedichte, reimte: *Kann er aus Ungeduld / Den Kauz doch auf die Stange setzen / Und sich am Krähenschuss ergötzen.*

Nach abergläubischer Vorstellung schützen das Herz und der rechte Fuß eines Kauzes vor Hundebissen, wenn man solchen Talisman unter der Achsel trägt. Legt man die Teile einem Schlafenden auf die Brust, zwingt man ihn, die Wahrheit zu sagen.

Von einer ganz eigenen Bedeutung des Wortes erzählt Alexander Schöppner. Da soll es einen Domherrn zu Würzburg gegeben haben, der zu allen Gelegenheiten Grund für *Gastereien* fand. *Bei jedem Festmahl machte ein sonderbares Trinkgefäß die Runde. Es war eine Eule oder ein „Kauz" von Silber und hielt etwa zwei und eine halbe Maß. Mit gutem Wein gefüllt wurde dieser Pokal jedem neuen Gaste zum Willkomm kredenzt und so schlich sich nach und nach die Zumuthung ein, daß ihn jeder neue Gast bis auf den Grund leeren mußte. Im Jahre 1611 wurde ein eigenes Buch – „Kauzenbuch" angelegt, in welches die Kauzentrinker ihre Namen und Trinksprüche schrieben.*

Kiebitz

Kiebitz (Vanellus vanellus).

Das Tier

Der Kiebitz *(Vanellus vanellus)* ist ein Vertreter der Familie der Regenpfeifer *(Charadriidae)*. Der für Wiesen- und Weidelandschaft der Niederungen charakteristische Vogel kommt auf fast allen Kontinenten mit Ausnahme von Nordamerika und der Antarktis vor. Seine Eier galten früher als Delikatesse. Sie dürfen wegen des starken Rückgangs der Population aber nicht mehr gesammelt werden. Der taubengroße Regenpfeifer hat kurze Beine und wird 28 bis 31 Zentimeter lang. Die Flügelspannweite beträgt 70 bis 80 Zentimeter. Die etwa gleichgroßen Männchen und Weibchen wiegen 128 bis 330 Gramm. Zu den Kiebitzen gehören 24 Arten. Man findet sie auf fast allen Kontinenten mit Ausnahme von Nordamerika und der Antarktis.

Die erwachsenen Kiebitze erkennt man an ihrem metallisch grün und violett schimmernden Mantel und Oberflügel, sowie dem weißen Bauch mit einem schwarzen, scharf abgegrenzten Brustband. Am auffälligsten ist die sogenannte Federholle, eine lange schwarze Haube, die bei den Männchen etwas größer ist als bei den Weibchen. Kiebitze sind Zugvögel, bzw. abhängig vom Verbreitungsgebiet auch Strich- oder Standvögel.

Der Name

Der Kiebitz hat sich seinen Namen selbst gegeben. Aus seinem vor allem während der Brutzeit stimmfreudigen Ruf *kiju-wit* entstand das deutsche und niederländische *Kiviet*. Daraus wurde die mit der slawischen Endung *-itz* (wie Stieglitz) versehene Form Kiebitz (ältere Schreibweise Kibitz, Kiwitz).

Alte Lexika führen weitere Namen für den Kiebitz an, z.B. Adelung: *feldpfau, wegen seines bunten gefieders (it. pavoncella), himmelziege, zweiel, mornel, besondere arten heiszen alenbock, seegalle, seelerche, holbruder. ... An einigen Orten wird er wegen seiner schönen bunten Federn auch Feldpfau, ... und an noch andern Orten Zweyel genannt. Es gibt verschiedene Arten dieses Vogels. Der grüne und graue Kibitz wird auch Pardel, Pulvier und Pulroß, Engl. Plower ... genannt. Der grünschnäbelige ist unter dem Nahmen des Steinwälzers, eine andere sehr dumme Art unter den Nahmen Mornell, Mornelle, Mornelkibitz, und noch eine andere Art, welche sich an den Ufern der Seen aufhält, unter den Nahmen Seelerche und Seemornelle bekannt. Die grauen und weißen Kibitze an dem Costnitzer See werden daselbst Seegallen, Albuken, Alenböcke, Holbreten und Holbrüder genannt.*

Der wissenschaftliche Gattungs- und Artname *Vanellus vanellus* ist die neulateinische Bezeichnung des Watvogels. Die Familie der Regenpfeifer, *Charadriidae*, hat ihren Namen von griech. *charadrios* (Uferspalte).

Der von den Spielern wenig geschätzte Zuschauer beim Schach- oder Skatspiel wird Kiebitz genannt. Das Wort stammt aus dem Rotwelsch, wie man die Geheimsprache der Fahrenden und Gauner nannte, und ist seit dem 19. Jahrhundert in den Formen *Kiewisch, Chippesch, Gippesch, Kippesch* mit der Bedeutung „Durchsuchung, Untersuchung, Leibesvisitation" gebräuchlich. Es bezog sich auf die obrigkeitliche Kontrolle der „Zigeuner" und auf die ärztliche Untersuchung von Prostituierten. Noch heute nennt man die Polizisten in Österreich *Kiberer*. Im Jahre 1855 tauchte der Begriff Kiebitz im Schachspiel auf, in der zweiten Hälfte des 19. Jahrhunderts wurde er auch für Kartenspiele übernommen und gelangte von dort in die deutsche Umgangs- und Literatursprache. Nicht gesichert ist, ob die sprachliche Wurzel das jiddische Wort *kobesch* oder *koiwesch* für bezwingen, unterdrücken ist.

Die Legende

In Ägypten wurde der Kiebitz als Synonym sowohl für die Rechit, ein im nördlichen Nildelta ansässiges Volk, als auch später für die Kennzeichnung aller Untertanen verwendet. Der Kiebitz als Zugvogel nimmt sein Winterquartier in den warmen Ländern. Den Zugereisten, mit jüngerem Begriff „Gastarbeitern", wurde das Zeichen für Kiebitz dem der Untertanen gleichgesetzt. Die Göttin Isis bediente sich der Hilfe eines Kiebitzweibchens, um ihren Sohn Horus vor Seth zu verbergen, weil sie wusste, mit wieviel Geschick der Vogel sein Gelege vor Feinden versteckt.

Zeus zeugte mit der Schlangengöttin Lamia Herophile die Pythia am Orakel zu Delphi. Die etruskischen Auguren sagten aus der Flugkunst des Vogels die Zukunft voraus.

Bei den Kelten bedeutete der Kiebitz Anfang und Ende der Hundstage, jenen heißesten Tagen des Jahres, die vor allem in den südlicheren Regionen den Menschen und der Landwirtschaft zusetzten. Vielleicht liegt hier der Zusammenhang zu dem häufig als Todesvogel titulierten Kiebitz. In dem alten deutschen Märchen „Von dem Mandelboom", in dem es recht martialisch zugeht, ist es am Ende ein Kiebitz, die Seele des gemordeten Kindes, der die Verbrechen kundtut: *Mein Mutter, der mich schlacht', / mein Vater, der mich aß, / mein Schwester, der Marlenichen, / sucht alle meine Benichen* [Gebeine], */ bind't sie in ein seiden Tuch, / legt's unter den Machandelbaum. / Kywitt, kywitt, wat vör'n schöön Vagel bün ik!"*

Im „Physiologus", einer frühchristlichen Naturlehre, wird berichtet, dass der Kot des Goldregenpfeifers sogar *blödsichtige Augen* heile. Der Vogel habe auch die Kraft, die Krankheit aus dem Mund des Kranken zu saugen. Dadurch nehme er des Mannes *unkraft* an sich. Hernach fahre er auf zu der Sonne und läutere sich, und alsbald sei der Kranke gesund. Dem Passus folgt das Gleichnis von Christus, der die Krankheit heidnischen Glaubens auf sich genommen und damit die Heiden von ihrem falschen Glauben geheilt habe.

Im 18. Jahrhundert galten Kiebitzeier als Delikatesse an herrschaftlichen Tafeln. Das Krünitzsche Lexikon sagt dazu: *Die Kibitz=Eyer sind ausserordentlich schmackhaft, müssen aber doch den Hühner=Eyern nachstehen. Einige finden sie roh für besonders angenehm. … Sie müssen aber noch vorher, ehe sie bebrütet worden sind, aus den Nestern genommen werden. Sie sollen ebenfalls den mit Gicht und Podagra Geplagten sehr heilsam seyn. Man pflegt sie gemeiniglich, nachdem sie in Wasser ungefähr 1 Stunde lang gekocht worden sind, bey dem Desert, in eine Serviette gethan, zu Tische zu geben.*

Kurfürst Friedrich August II. von Sachsen forderte im März 1736 eine Lieferung von guten und frischen Kiebitzeiern an. Otto von Bismarck wurden jedes Jahr zu seinem Geburtstag am 1. April jeweils 101 Kiebitzeier von einer Stammtischrunde aus der Stadt Jever geschenkt. Sein Dank an die „Getreuen von Jever" bestand in einem Pokal, dessen Deckel ein Kiebitzkopf zierte. Allerdings nahm das Ausnehmen der Nester überhand, obwohl es schon mehrere *Verordnungen und Edicta* zu erlassen als erforderlich erachtet worden war, weshalb am 10. April 1704 ein weiteres königlich-preußisches *Patent wider das Hinwegfangen des Feder=Wildpräts, und Ausnehmen der Eyer, it. wegen der Kiewitz-Eyer* erlassen werden musste. In dem heißt es u.a.:

> **No. LXVII. Patent wider das Hinwegfangen des Feder-Wildpräts, und Ausnehmen der Eyer, it. wegen der Kiewitz-Eyer.**
> Vom 10. April. 1704.

Weil Wir nun solche wider alle oballigirte Unsere Verordnungen und Edicta keineswegs weiter zu gestatten, noch dergleichen Unfug länger nachzusehen gemeynet seyn … daß hierführo keiner, er sey auch wer er wolle, sich solchen unbefugten Eyer-Ausnehmens der Gänse, Endten, Schneppen und andern Feder-Wildpräts, noch auch des Fangens und Strickens derselben gelüsten, sondern desselben sich gäntzlich enthalten, und sich daran auf eine oder andere Weise nicht vergreifen solle.

Dem folgten detaillierte Anweisungen, wer hinfort und wann und wo zum Entnehmen der Kiebitzeier berechtigt ist, und dass jeder, gleich welchen Standes, verpflichtet sei, Zuwiderhandelnde zur Anzeige zu bringen, damit derjenige gebührend bestraft werden könne.

Eine alte Bauernregel aus dem Marienkalender von 1879 besagt: *Kiebitz tief und Schwalbe hoch, bleibet trocken Wetter noch.*

Im Holsteinischen kennt man das Sprichwort: *De Kiwitt will dat gansse Land verbidden un kann sin egen Nest nig verbidden.* Gemeint ist, dass der Prahlhans Kiebitz alles besitzen will, aber nicht einmal in der Lage ist, sein eigenes Nest zu beschützen. Dazu gehört die Beobachtung, *der Kibitz schreit erst, wenn er weit vom Nest ist.*

Die Feinschmecker wussten: *Wer noch von keinem Kibitz gegessen hat, der hat noch nichts Gutes gekostet.*

In der gesamten Europäischen Union ist inzwischen das Sammeln von Kiebitzeiern verboten. Nur in der niederländischen Provinz Friesland war es bis 2006 noch gestattet. Dort ist es ein Volkssport geworden, das erste Kiebitzei des Jahres zu finden und symbolisch der Königin zu übergeben. Dazu benötigt man eine Lizenz, mit der man sich zum Schutz von Wiesenvögeln verpflichtet. Die Nester werden markiert oder mit Schutzvorrichtungen versehen, die Eier darin belassen.

Kleiber

Kleiber (Sitta europaea).

Das Tier

Der Kleiber *(Sitta europaea)* ist ein Singvogel aus der Familie der Kleiber *(Sittidae)*. Er erreicht eine Körperlänge von zwölf bis 14,5 Zentimetern. Auf einem gedrungenen Körper sitzt ein großer Kopf. Hals und Schwanz sind sehr kurz, der Schnabel dagegen lang, spitz und grau gefärbt. Die Oberseite des Gefieders schimmert blaugrau, die Unterseite ist weiß, ocker oder rostrot gefärbt. Auf den stets rotbraunen Oberschwanzdecken leuchten große, weiße Flecken. Die Augen sind von einem schwarzen Augenstreifen umgeben. Wangen und Kehle sind weiß, die Beine orangegelb.

Kleiber bauen den Eingang ihrer Nester gerade so groß, dass nur sie hindurchpassen, um sich vor Mardern oder Krähen zu schützen. Der lebhafte Standvogel

„Bald hüpft er an einem Baume hinauf", sagt mein Vater, „bald an ihm herab, bald um ihn herum, bald läuft er auf den Ästen vor oder hängt sich an sie an, bald spaltet er ein Stückchen Rinde ab, bald hackt er, bald fliegt er: dies geht ununterbrochen in einem fort, so daß er, nur um seine Stimme hören zu lassen, zuweilen etwas ausruht."

(Alfred Brehm)

klettert ruckartig und geschickt auch kopfüber an Stämmen und Zweigen entlang. Die Bruthöhle, in die das Weibchen fünf bis neun milchig weiße Eier mit rostroten Flecken legt, polstern die Vögel mit Rindenstückchen, Haaren, Gras und Federn aus. Die im April/Mai gelegten Eier werden 14 bis 18 Tage bebrütet, die Nestlinge etwa 24 Tage lang vom Elternpaar gefüttert.

Der eurasische Kleiber ist in Europa, Nordwest-Afrika und Asien (mit Ausnahme von Süd- und Südostasien) beheimatet. Die kontinentaleuropäische größere Unterart lebt in Laubmischwäldern, Parks und Gärten. Der Gesamtbestand wird auf etwa zehn Millionen Tiere geschätzt.

Kleiber ernähren sich von Insekten, Insekteneiern und -larven, im Herbst auch von Samen, Beeren und Nüssen. Größere Stücke klemmt der Kleiber in eine Rindenspalte, hängt sich kopfunter darüber und meißelt mit dem kräftigen Schnabel kleine Teile ab. Er legt Futtervorräte an.

Der ruffreudige Vogel verfügt über ein umfangreiches Repertoire. Bei der Nahrungssuche pfeift er einen scharf und spitz, etwa wie „zit" klingenden Kontaktruf, bei Erregung den kräftigen lauten und etwa wie „twett" klingenden Warnruf. Sein Gesang besteht aus mehreren, lauten Strophen unterschiedlichen Typs. Meist sind es langsame Folgen gleicher Pfeiftöne, die etwas an- oder absteigen können, ungefähr wie „wuih wuih wuih wuih..." oder „wiiü wiiü wiiü wiiü ...". Manche Varianten der Strophen können auch schnell, klar und trillernd, etwa wie „wiwiwiwiwiwi...", oder langsamer und rhythmischer gereiht, wie „djüdjüDJÜ djüdjüDJÜ", klingen.

Der Kleiber wurde 2006 Vogel des Jahres.

Der Name

Der Kleiber (früher auch Klaiber, schweiz. Klyber) verdankt seinen Namen der Tatsache, dass er den Eingang seiner Höhle, die er oft von größeren Vögeln übernimmt, so mit Lehm verschmiert, dass nur er selbst noch hindurchschlüpfen kann. Mit Klei (engl. *clay* = Ton, Lehm) bezeichnete man vor allem in Norddeutschland fette, zähe Tonerde, die man für den Hausbau verwendete. Damit verwandt sind auch die Wörter kleben, Kleister, Kleie und Klee. Auch die Klette, deren Früchte sich mit Widerhaken anheften, und klettern haben den gleichen Wortursprung. *Wenn kleber vom klettern am baumstamm herrührt, könnte auch kliber, kleiber das ... kliben klettern enthalten,* steht im Grimmschen Wörterbuch.

Der Kleiber wird auch Spechtmeise (dän. *spætmejse,* norw. *spettmeis*), Grau- oder Blauspecht genannt, da seine Lebensweise und sein Aussehen an Spechte und Meisen erinnern. Die Krünitzsche Enzyklopädie listet noch weitere Namen auf: Baumhacker, Baumhäkel, Baumklette, Baumkletter, Baumkletterlein, Baumläufer, Baumreiter, Baumrutter, Baumspecht und Baumsteiger. Dort findet sich auch der Hinweis auf einen weiteren Namen: *Seine Nahrung suchet er... an den Bäumen, im faulen Holze und unter den Baumrinden, wo er die allerkleinsten Gewürme heraus hohlt. Aus dieser Ursache hält er sich am liebsten hinter den Rinden oder Schindeln auf, die sich von den Bäumen abgesondert haben, daher er an manchen Orten Schindelkriecher genannt wird.*

Entsprechend heißt der Baumkletterer engl. *tree-creeper,* holl. *boomkruiper,* frz. *grimpereau-torchepot, grand grimpereau gris, grimpereau noir, pic cendré, casse-noisette,* ital. *picchio muratore* (= Maurer). Alfred Brehm führt als weitere im deutschen Sprachraum bekannte Namen auf: Baumreuter, Baumrutscher, Chlän, Gottler, Holzhacker, Maispecht und Tottler.

Früher bezeichnete man Handwerker, die eine Lehmwand errichteten oder eine Hauswand mit Lehm verschmierten, als Kleiber.

Der wissenschaftliche Name *Sitta* geht auf griech. *sittē* für Kleiber zurück, das Artepitheton *europaea* charakterisiert die vor allem in Europa beheimatete Art.

Die Legende

In alten nordischen Dichtungen wie der Edda wird – oft in verschiedenen Varianten – erzählt, dass Regin Sigurd (Siegfried) nach dem Drachenkampf bittet, Fáfnirs Herz für ihn zu braten, denn es ist ein alter Glaube, dass man so den Mut des Verstorbenen annehmen könne. Als Sigurd mit dem Finger probiert, ob das Herz schon durchgebraten sei, verbrennt er sich den Finger und steckt ihn in den Mund. So gelangt Fáfnirs Blut auf seine Zunge und plötzlich versteht er die Sprache der Vögel. Ein Kleiber warnt ihn vor Regin, der ihm nach dem Leben trachtet. Der Vogel rät deshalb, sich zum mächtigen König Gjuki zu begeben. Dort werde er einen goldenen, wie Feuer leuchtenden Saal vorfinden, in dem eine von Odin in den Schlaf versetzte Walküre liegt. Auf dem Berg sieht Sigurd ein Feuer leuchten. Als er dort ankommt, findet er die Schlafende in einer an ihrem Körper festgewachsenen Rüstung, von der er sie befreit. Aus Dankbarkeit führt sie ihn in die Geheimnisse magischer Segenssprüche, Heilzauber und Runenzauber ein. Die Weissagung des Vogels erfüllt sich.

Ein Loblied auf die Vögel im Allgemeinen und auf den Kleiber, die Spechtmeise, im Besonderen, singt Adalbert Stifter in seinem Roman „Der Nachsommer": *Die Blaumeise und die Tannenmeise entdeckt die Brut der Ringelraupe und anderer Raupengattungen an den äußersten Spitzen der Zweige, wo sie unter der Rinde verborgen ist, indem sie, sich an die Zweige hängend, dieselben absucht, die Kohlmeise durchsucht fleißig das Innere der Baumkrone, die Spechtmeise klettert Stamm auf Stamm ab und holt die versteckten Eier hervor, der Finke, der gerne in den Nadelbäumen nistet, weshalb auch solche Bäume in dem Garten sind, geht gleichwohl gerne von ihnen herab und läuft den Gängen der Käfer und dergleichen nach.*

Kormoran

Kormoran (Phalacrocorax carbo).

Das Tier

Der Kormoran *(Phalacrocorax carbo)* ist ein etwa gänsegroßer Vogel aus der Familie der Kormorane *(Phalacrocoracidae)*. Er erreicht eine Körperlänge knapp unter einem Meter und hat eine Flügelweite von bis zu eineinhalb Metern, wobei die männlichen Tiere etwas größer sind als die weiblichen.

Kormorane haben einen am Ende hakenförmigen großen Schnabel. Das Gefieder ist schwarz und glänzt bei Sonneneinstrahlung metallisch grün oder bläulich. Scheitel und Nacken sind mit feinen weißen Federn durchsetzt. Am Hinterkopf befindet sich ein vier Zentimeter langer, abstehender Federschopf. Die in großen Brutkolonien lebenden Vögel bevorzugen die Nähe der Meere, Seen und Flüsse. Sie sind in großen Teilen Eurasiens, in Australien, Neuseeland, Grönland und an den Ostküsten Nordamerikas zu Hause. Wegen angeblicher Gefährdung der heimischen Fischbestände wurden Kormorane in Europa stark bejagt und zu Teilen völlig ausgerottet. Eine Erholung der Population ist erst in den letzten Jahren festzustellen.

Die Entscheidung, den Kormoran zum Vogel des Jahres 2010 zu wählen, sollte auch ein Zeichen gegen die ungerechtfertigte Bejagung der Tiere sein.

Kormorane tauchen in der Regel bis zu einer Minute in Tiefen von ein bis drei Metern, allerdings sind auch schon 16 Meter Tauchtiefe nachgewiesen worden. Die Nahrung besteht fast ausschließlich aus kleinen bis mittelgroßen lebend erbeuteten See- und Süßwasserfischen, gelegentlich auch Krabben und großen Garnelen, sehr selten sogar Bisamratten und Küken der Brandente.

Die Philatelisten im mecklenburgischen Neubrandenburg und im württembergischen Gaildorf geben regelmäßig Sonderstempel zum jeweiligen „Vogel des Jahre" heraus. 2010 war in Deutschland der Kormoran Vogel des Jahres.

In China und Japan wurden Kormorane früher zum Fangen von Fischen gezähmt. Ein Halsring verhinderte das Hinunterschlucken der Fische.

Der Name

Der Name Kormoran wurde erst um 1800 aus dem frz. *cormoran* entlehnt, das seinerseits auf das altfrz. *cormare(n)g, corp mareng,* und das wiederum auf das spätlat. *corvus marinus* (= Meerrabe) zurückgeht.

Bei Homer finden sich in der Voß'chen Übertragung die Zeilen: *Unter dem Laube wohnten die breitgefiederten Vögel, / Eulen und Habichte und breitzüngichte Wasserkrähen, / Welche die Küste des Meers mit gierigem Blicke bestreifen.* Voß übersetzte das griechische *koronai eilaniai* mit Wasserkrähe, weil er die Bezeichnung Kormoran noch nicht kannte.

Der wissenschaftliche Gattungsname *Phalacrocorax* ist aus dem griech. *phalakros* (= kahlköpfig) und *korax* (= Rabe) gebildet worden. Die Beifügung *carbo* (= Kohle) bezieht sich auf das schwarze Federkleid.

Die Legende

Eine altes Sprichwort sagt: „Der Rabe, der den Kormoran nachahmt, muss viel Wasser schlucken."

In England kennt man die Fabel vom Kormoran, der mit Wolle handelte. Der Dornstrauch und die Fledermaus wollten sich an dem Geschäft beteiligen und beluden ein großes Schiff damit, das aber in einen Sturm geriet und samt Ladung versank. Seither versteckt sich die Fledermaus bis Mitternacht vor ihren Gläubigern. Der Dornstrauch hält jedes vorbeikommende

Schaf an und zupft sich etwas Wolle, um den Verlust wieder wettzumachen. Der Kormoran aber taucht und taucht in der Hoffnung, das untergegangene Schiff samt Ladung wiederzufinden.

In den „Færöische Märchen und Sagen" erzählt Otto L. Jiriczek das Märchen vom Kormoran und vom Eisvogel. Beiden Vögeln waren die Daunen, die wärmenden Unterfedern des Brustgefieders, angeboten worden, aber nur einer sollte sie bekommen. Der Streit ging hin und her, bis sie schließlich überein kamen, dass derjenige, der am nächsten Morgen als Erster erwache, der Sieger sein solle. Also setzten sie sich bei Sonnenuntergang an den steinigen Strand, und weil der Kormoran wusste, dass er einen festen Schlaf hat, gab er sich alle Mühe, die Augen offenzuhalten, was ihm tatsächlich gelang. Als es hell zu werden begann, krächzte er, zwar völlig übermüdet, doch nicht minder glücklich: „Nun blaut es im Osten!" Aber dann übermannte ihn der Schlaf. Von dem Ruf erwachte die Eiderente, die die Nacht durchgeschlafen hatte und also ausgeruht war. Just als die Sonne aus dem Meer stieg, schnatterte sie fröhlich: „Tag im Meer! Tag im Meer!" Womit sie die Siegerin im Wettbewerb um die Daunen wurde. Der Kormoran aber verlor nicht nur den Wettstreit, sondern auch, weil er zu früh gesprochen hatte, seine Zunge, weshalb man auf die Frage, warum der Kormoran keine Zunge habe, zur Antwort erhält, er solle stets daran erinnert werden, dass man das, was man nicht ausplaudern soll, auch wirklich für sich behält.

Theodor Fontane erzählt in „Am Werbellin" vom Fischreichtum des Sees, ganz besonders von den schmackhaften Muränen, die nach gut 300 Jahren plötzlich verschwunden waren. *Der Kormoran oder schwarze Seerabe, sonst nur in Japan und China heimisch, hatte auf seinen Wanderzügen auch einmal den baltischen Küstenstrich berührt und es am ›Werbellin‹ anscheinend am wohnlichsten gefunden. Denn hier war es, wo er sich plötzlich zu vielen, vielen Tausenden niederließ. Der schöne Forst am See hin bot prächtige Bäume zum Nesterbau und der See die schönste Gelegenheit zum Fischen. Nun scheint es, waren die Kormorans insonderheit auch Feinschmecker, und statt sich mit all und jedem zu begnügen, was ihnen in den Wurf kam, richtete sich ihr Begehr vor allem auf die Muräne. Sie fischten nach ganz eigentümlichen Prinzipien, und betrieben den Raub nicht als einzelne Freibeuter, etwa wie Fischreiher und ähnliche auf niedrigster Stufe der Kriegskunst stehende Tiere, sondern das Geheimnis taktischen Zusammenwirkens hatte sich ihnen in seiner ganzen Bedeutung erschlossen. Sie manövrierten in Reih und Glied und mit Hilfe ihrer Taucherkünste den See auch in seinen verschiedenen Tiefen, sozusagen in all seinen Etagen beherrschend, glückte es ihnen, überall da, wo sie Stand nah-*

men, ein lebendiges Netz durch den See zu ziehen: jede Masche ein geöffneter Kormoranschnabel. Die Fischer mühten sich umsonst, sie zu vertreiben. Es gab damals Kormorans am Werbellin, wie Fliegen in einer Bauernstube. Zwar gelang es den Jägern und Bauern und sogar dem zu Hilfe gerufenen Jägerbataillon aus Potsdam, die Kormorane zu vernichten und zu vertreiben –, aber für die Muränen im Werbellin war es bereits zu spät.

Georg Heym gebraucht in seinem melancholischen Gedicht „Der Tod der Liebenden" den schwarzen Vogel als Gleichnis, wenn er schreibt:

In hohen Wogen schweift ein Kormoran
Mit grünen Fittichs dunkler Träumerei.
Darunter ziehn die Toten ihre Bahn.
Wie blasse Blumen treiben sie vorbei.

Bei Klabund finden wir in „Der Kreidekreis. Spiel in fünf Akten nach dem Chinesischen" die Zeilen:

Im Meere hinter Brandungsschaum und Riff
Schwimmt wie ein Kormoran das Blumenschiff.

Und an anderer Stelle des Stücks erklärt Pao das Bild: *Auf den Wogen des Meeres, unerreichbar weit wie der Kormoran, gleitet, in der Silhouette einem Kormoran nicht unähnlich, dort nicht ein Schiff der Freude, des Gesanges und des Tanzes auf Bastschuhen, der leichten Lust und der schweren Liebe, ein Blumenschiff?*

Joseph Viktor von Scheffel schreibt im 6. Kapitel seines 1855 erschienenen Romans „Ekkehard": *Es schwamm einmal ein Fisch klaftertief unten im Bodensee, der könnt' sich's gar nicht erklären, was den Kormoran zu ihm hinabführte, der schwarze Tauchervogel hatte ihn schon im Schnabel und flog mit ihm hoch durch die Lüfte weg: noch war's ihm unbegreiflich. So lag Ekkehard in der Sänfte, ein gebundener Mann; je mehr er über seines Geschickes Wendung nachsann, desto weniger mocht' er's fassen.*

KRANICH

Kranich (Grus grus).

Das Tier

Der in weiten Teilen des östlichen und nördlichen Europas sowie in einigen nordasiatischen Gebieten lebende Kranich *(Grus grus)* ist der einzige Vertreter der Familie der Kraniche (*Gruidae)* in Nord- und Mitteleuropa. Wie fast alle Vertreter seiner Gattung hat der große, vorwiegend in Feuchtgebieten lebende Schreitvogel lange Beine und einen langen Hals. Charakteristisch sind die schwarz-weiße Kopf- und Halszeichnung und die federlose rote Kopfplatte. Das Gefieder ist in Abstufungen hellgrau gefärbt, der Schwanz sowie die Hand- und Armschwingen sind schwarz.

Die von grau bis schwarz variierenden Schulter- und Oberarmfedern hängen Altvögeln über den Schwanz hinweg. Die 110 bis 130 Zentimeter großen Vögel, deren Flügelspannweite 220 bis 240 Zentimeter beträgt, haben einen keilförmigen, schlanken Schnabel von mehr als zehn Zentimetern. Die Männchen sind etwas größer als die Weibchen, ansonsten unterscheiden sie sich äußerlich kaum. Zur Brutzeit wird der Schulter- und Rückenbereich mit Moorerde hell- bis dunkelbraun gefärbt. Kraniche ernähren sich von tierischer und pflanzlicher Nahrung.

Bemerkenswert sind die ebenso schönen wie spektakulären Balztänze der Vögel. Geradezu schwärmerisch beschreibt Alfred Brehm die anmutigen Bewegungen der Kraniche: *Jede Bewegung des Kraniches ist schön, jede Äußerung seiner höheren Begabungen fesselnd. Der große, wohlgebaute, bewegungsfähige, scharfsinnige und verständige Vogel ist sich seiner ausgezeichneten Fähigkeiten wohl bewußt und drückt solches durch sein Betragen aus, so verschiedenartig dieses auch sein mag.*

Kraniche können bei einer Durchschnittsgeschwindigkeit von 45 bis 65, mit Rückenwind sogar bis zu 130 Stundenkilometern, Entfernungen von 2.000 Kilometer ohne Unterbrechung zurücklegen.

Der Name

Kranich ist lautmalerisch nach den heiseren Rufen der Vögel gebildet und bedeutet Krächzer. Die ahd. Formen *chranih, chranuh, chranoh* und die mhd. *kranech* sind auch in anderen europäischen Sprachen zu finden, so im altengl. *cranoc*. Noch im 15. Jahrhundert existierte auch die Form *chrenich,* ebenso *kranch* (16. Jahrhundert). Bei Burkard Waldis findet sich die Zeile: *antvögel, kranchen sammetlen sich.* Die nicht weitergebildete Form erscheint auch in dem Wort Krammetsvogel und in dem nordd. Wort Kronsbeere (17. Jahrhundert) für Preiselbeere, die Kraniche gern fressen.

Die Legende

Kraniche gelten als besonders wachsame Vögel, die, wenn sie sich auf einem Bein stehend ausruhen, in den Krallen des angezogenen Fußes einen Stein halten, der, sollten sie schläfrig werden, ihnen entgleitet und ins Wasser fällt, wovon sie augenblicklich wieder wach würden. Oder man denke an Schillers „Kraniche des Ibykus": *da rauscht der kraniche gefieder. / er hört (schon kann er nicht mehr sehn) / die nahen stimmen furchtbar krähn.*

Goethe, dem Schiller, welchem *Kraniche* nur aus Gleichnissen bekannt waren, wertvolle botanische Hinweise zu der Ballade gab, hat sich gern durch die stolzen Vögel anregen und zum Träumen verführen lassen: *wie oft habe ich mich mit fittigen eines kranichs, der über mich hinflog, zu dem ufer des ungemessenen meeres gesehnt.*

Mit dem Vogel des Glücks, wie der Kranich auch genannt wird, verbinden sich zahlreiche Sprichwörter, Sagen, Märchen und mythische Vorstellungen. Hier eine kleine Auswahl an Sprichwörtern: *Besser ein Spatz in der Hand, als ein Kranich, der fliegt, über Land.* Oder: *Er geht wie ein Kranich* – sagt man in Litauen zu einem, der sich selbstgefällig umschaut, ob man ihm auch die gewünschte Aufmerksamkeit schenkt. Diese Redewendung kennt man auch in Norddeutschland: *Et geit äs de Krinnekranen* (Kranich) *fleiget.* Über einen, der einen langen Hals macht wie ein Kranich, um sich hervorzutun, sagte man in der Grafschaft Mark: *Hai krâned sick as die Hucke* (Kröte) *an der Mistgaffel.* In Böhmen hieß es: *Der Kranich hat hohe Beine, aber schlechtes Fleisch.* In Venetien sagte man: *Wenn die Kraniche vorüberziehen, kommt Wind und Regen.* In Dänemark kennt man das Sprichwort: *Wenn der Kranich mit dem Pferde tanzt, kommt er lahm nach Haus.* In Finnland weiß man: *Wenn der Kranich mit dem Specht klettern will, so bricht er sich das Bein.*

Wie es um die Freundschaft von Fuchs und Kranich bestellt ist, erzählt eine Fabel. Einmal hatte der Fuchs den Kranich zum Essen eingeladen, ihm aber nichts als Griesbrei auf einen Teller gestrichen serviert. Der Kranich stocherte mit seinem Schnabel in dem Brei und konnte nicht satt werden. Nun lud der Kranich den Fuchs zu Tisch. Er hatte eine köstliche Suppe zubereitet und stellte sie in einem enghalsigen Krug auf den Tisch. Seither sind Kranich und Fuchs keine Freunde mehr. Die Fabel wird spätestens seit Äsop in vielen Varianten und vieler Völker Sprachen erzählt.

In dem finnischen Märchen „Vom Kranich, der den Fuchs das Fliegen lehrte" vereinbaren sich beide Tiere, dass der Fuchs den Kranich über den Winter mit Futter versorgt, wofür der ihn das Fliegen lehren will. Der Fuchs erfüllt seinen Teil. Da nimmt ihn der Kranich im Frühjahr auf den

Rücken, fliegt hoch in die Luft – und lässt ihn fallen. Der Fuchs bricht sich ein Bein und humpelt davon. Das ist eines der wenigen Märchen, in denen der Fuchs übertölpelt wird.

In der griechischen Mythologie gilt das Erscheinen der Kraniche außerhalb der üblichen Zeit des Vogelzuges als Omen für Krieg und Tod. Ansonsten brachten die Griechen die Flüge der stolzen Vögel mit der jährlichen Reise ihres Sonnengottes Apoll zur weit im Norden liegenden Inselwelt Hyperborea in Verbindung.

Bei Plutarch findet sich die Erzählung, dass Theseus, Sohn des Meeresgottes Poseidon, auf der heiligen Insel Delos den auf Kreta zu kultischen Bräuchen geübten Kranichtanz eingeführt habe. Dazu umtanzte man gegen den Sonnenlauf – und das bedeutet in Richtung Tod – spiralförmig einen Altar.

In China verehrt man den Kranich als „Patriarch des gefiederten Geschlechts" und nennt ihn „Ehrwürdiger Herr Kranich". Er charakterisiert den mütterlichen Schutz der Natur, sorgt für gutes Fortkommen und begleitet die Seelen der Verstorbenen ins Paradies. Weiße Kraniche bewohnen als heilige Vögel die Insel der Glückseligen. Sie künden von ewiger Weisheit und Unsterblichkeit an diesem Ort. Starb ein taoistischer Priester, sagte man, er habe sich in einen gefiederten Kranich verwandelt *(yü-hua)*.

Als Vögel der Muttergöttin spielten die Kraniche im keltischen Glauben eine wichtige Rolle. Der dunkle Aspekt der Göttin hat sich bis heute in Frankreich im bildlichen Vergleich erhalten, indem man mit Kranich eine böse, geizige oder zänkische Frau bezeichnet; oder mit Verweis auf die lange auf einem Bein stehenden Vögel jene Damen meint, die stundenlang wartend auf der Straße ausharren, bis endlich ein Freier kommt.

Das Christentum deutet die monogamen Verhältnisse der Kraniche als Zeichen der Treue und des festen Glaubens an Gott.

Bei den Kelten und Griechen spielte ein Beutel aus Kranichleder eine wichtige Rolle. Der keltische Meeresgott trug die Schätze des Ozeans in einem solchen Beutel, dessen Inhalt ein streng gehütetes Geheimnis war. Der griechische Meeresgott Perseus besaß ebenfalls einen solchen Beutel aus der Haut des heiligen Vogels der Athene, der auch das erste Alphabet enthalten habe. Das korrespondiert mit einer Fabel des Caius Julius Hygin, einem Zeitgenossen Ovids, wonach Hermes (Merkur) Kraniche beobachtet habe, die im Flug Buchstaben formten.

Umkreisen Kraniche schreiend ein Haus, würde das bald eine Braut geben. Kraniche beschützten auch vor dem bösen Blick, heilten viele Krankheiten und sorgten für baldigen Kindersegen.

Kuckuck

Kuckuck (Cuculus canorus).

Das Tier

Der Kuckuck *(Cuculus canorus)* gehört zur Familie der Kuckucke *(Culculidae)*. Er ist in den Kulturlandschaften ebenso wie in den Biotopen Eurasiens von Portugal und Irland nach Osten bis Japan und Kamtschatka sowie in Nordafrika beheimatet. In der Schweiz ist er bis in etwa 2400 Meter und in Indien in Ausnahmefällen sogar in bis zu 5250 Meter Höhe nachgewiesen worden. Das Gefieder des taubengroßen Vogels ist grau. Im Flugbild ähnelt er mit Ausnahme der spitzeren Flügelenden dem eines Sperbers. Erwachsene Weibchen gleichen den Männchen, haben aber auf der Brust eine rostbeige bis gelbliche Tönung und eine dünne dunkle Querbänderung.

Der Kuckuck ernährt sich ausschließlich von Insekten wie Schmetterlingsraupen, darunter auch behaarte und Warnfarben tragende, die von anderen Vögeln gemieden werden. Weibchen verzehren auch die Eier möglicher Wirtsvögel. Er legt seine Eier in die Nester kleiner Singvögel. Die Nestlinge werden von den Wirtsvögeln gefüttert. Nicht-insektenfressende Sperlingsvögel ziehen Jungvögel des Kuckucks nicht auf. Das parasitäre Verhalten des Kuckucks hat zwar zur Folge, dass die „Stiefgeschwister" nicht überleben können, aber, bringt Alfred Brehm zu ihrer Ehrenrettung ein, *daß ein Kukuk in Vertilgung der Kerbthiere mehr leiste als fünf oder sechs kleine Sänger, und so wird es als wohlgethan erscheinen, wenn wir den Kukuken unseren vollsten Schutz gewähren.*

Der Name

Der Name des Vogels erklärt sich mit dem auffälligen Ruf des Männchens. In vielen Sprachen ist das der Fall, wie bulg. *kukuwitza,* dän. *gøg,* frz. *coucou,* ital. *cucolo,* niederl. *coekcoek,* russ. *kukushka,* engl. *cuckoo,* span. *cuco.* Auch in nichtindogermanischen Sprachen wurde der Ruf zum Namen des Vogels, wie z.B. vietnam. *chim cu,* finn. *käki* oder ung. *kakukk.*

Der seit etwa dem 13. Jahrhundert als Kuckuck bezeichnete Vogel hieß nachweislich schon im 8. Jahrhundert Gauch.- Das Grimmsche Wörterbuch sagt dazu: *wir haben für den merkwürdigen vogel in der hauptsache zwei namen, einen der jetzt theils überhaupt theils in der eigentlichen bed. ausgelebt hat und uns fast nur auf gelehrtem wege bekannt wird: gauch, mhd. gouch; und einen, der frisch bleibt, in jedem neuen frühjahr sich neu auffrischt, weil er sich an den ruf des vogels anschliesst: kuckuk.*

In alten Texten stößt man gelegentlich auch auf die Vermischung beider Namen wie: Kukengaukch, schwäbisch Guggengauch, Gukkigau, Gukkigauch, Guckgauch, Gukauch, Guckgäuch.

Weil der Vogel in dem Ruf stand, närrisch zu sein, übertrug man die Bezeichnung Gauch auf einen törichten Menschen, was wiederum auf den Kuckuck zurückübertragen wurde, indem man einen sich unsinnig gebärdenden Menschen (aber auch eine böse Frau) mit „Du Kuckuck" titulierte.

Der lateinische Gattungsname *Cuculus* ist, wie beschrieben, lautmalerischen Ursprungs. Die Beifügung *canorus* wurde von lat. *canor* (= Gesang) abgeleitet und bezieht sich auf den Ruf des Vogels.

Die Legende

Der Kuckuck gilt seit alters als Frühlingsbote. Zahlreiche Redewendungen und Sprichwörter belegen das. In Luxemburg sagte man: *De fofzengten Aprel muss de Gukuck sangen.* Gemeint war, dass spätestens dann mit der Aussaat für die nächste Ernte begonnen werden sollte. Wer zu diesem Zeitpunkt noch Geld in der Tasche hatte, dem würde es das ganze Jahr auch nicht daran fehlen. Daher kommt der Aberglaube, man solle an seine Geldbörse fassen, wenn man den Kuckuck das erste Mal im Jahr rufen hört.

In der „Wupperzeitung" von 1863 (Nr. 113) findet sich eine einleuchtende Erklärung: *Der Bauer der nach einem aufzehrenden Winter noch Geld in der Tasche besitzt, wenn er den Kukuk vernimmt, kann darauf rechnen, dass er um so mehr in der weit günstigern übrigen Zeit bei Geld sein wird.*

Oft wurde Kuckuck auch als Synonym gebraucht, weil man den Namen des Leibhaftigen nicht nennen wollte. *Weiß der Kuckuck! Hol's der Kuckuck! Beim Kuckuck!* Und wollte man jemanden loswerden, dann schickte man ihn *zum Kuckuck.*

Der Gerichtsvollzieher versah die gepfändeten Gegenstände mit dem amtlichen Reichsadler. Daraus wurde im Volksmund der Pleitegeier, aber auch der Kuckuck.

Wollte man einem anderen schaden, so legte man ihm ein Kuckucksei ins Nest. Häufig war damit ein Kind gemeint, das dem ahnungslosen Ehemann als sein eigenes „untergeschoben" wurde. Dazu erzählt der österreichische Rechtsgelehrte Christoph Ignaz Abele: *es giengen zween nachbarn miteinander über feld und höreten einen gugguck schreien. der eine fragte, wem doch diese nachtigall rufe? mir nicht, sagt der ander … ich … hab ein … keusches .. weib.*

In Mecklenburg sagt man von einem, der stur auf seiner Meinung beharrt: *Hei bliwwt dorbi as dei Kukuk bi sin'n Gesang.* Undank umschrieb man mit dem Vergleich: *Einem danken, wie der Kukuk der Grasmücke.* Dazu findet sich in Luthers „Tischreden": *Der Kukuk frisset seine Mutter, die Grasmücke.*

In Niederösterreich drückt man eine geringe Entfernung mit den Worten aus: *Kan Gugaschass weit* (Keinen Kuckucksschiss weit).

Der 23. April ist der Tag des Heiligen Georg. Über diesen Tag hieß es: *Der Kukuk schreit nicht eher, bis der Hafer grün wird.* Das um diese Zeit blühende Knabenkraut bezeichnen die Oberösterreicher als Gugitzerblüemel; denn Gugu, Guga, Gugitzer ist der Kuckuck.

Mit dem Kuckuck verbindet sich auch vielerlei Aberglaube. Es heißt, er würde seine Eier in fremde Nester legen, weil ihn die anderen Vögel so sehr hassen. Oder hassen ihn die anderen Vögel, weil er…? Tieren menschliche Eigenschaften anzudichten, ist immer problematisch und meistens falsch. Wahr ist, dass der Kuckuck keinen besonderen Wert auf Nestbau legt und mit einer einfachen Wohnstatt zufrieden ist wie mancher mit seiner Bretterbude. Aber wozu soll er sich mit dem Nestbau große Mühe geben, wenn er seine Eier ohnehin…? Im dänischen Volksmund findet man die Erklärung: Der Kuckuck ist als wahrsagender Vogel so sehr mit seinem Beruf beschäftigt, dass er gar keine Zeit hat, ein ordentliches Nest zu bauen.

Ist es aber geschehen, dass die Grasmücke ein (und es ist immer nur eines) fremdes Ei im Nest hat, geht das Fabulieren weiter. Der Kuckucksvater frisst die fremde Brut. Die Zieheltern finden die eigenen Kinder so hässlich, dass sie sie selbst aus dem Nest werfen.

Seinen Namen ruft er, weil er die Vergabe der Vogelnamen verschlafen hat und ihm nichts als der eigene Ruf blieb. Hört man seinen Ruf, sollte man die Handschuhe zu Hause lassen, sonst scheißt der Kuckuck hinein. Wichtig ist auch, stets etwas Brot in der Tasche zu haben, damit man es zur Hand hat, wenn der Kuckuck ruft, dann geht einem nämlich nie das Essen aus. Der Trick gilt auch für Kleingeld. Wer beim ersten Kuckucksruf barfuß läuft, wird krank; macht er aber einen Purzelbaum, bleibt er gesund. Kommt der Kuckucksruf von links, stirbt man noch im selben Jahr. Ruft er nach dem Abendläuten, ist ein Unglück nicht mehr fern. Steht man während des Rufens unter einem Baum, darf man sich etwas wünschen. Lacht der Kuckuck, ist schlechtes Wetter im Anzug. Schnee kündigt sich durch Rufen in der Nähe des Hauses an.

Die kleine Aufzählung macht bereits deutlich, dass der Vogel in der Vorstellungswelt der Menschen die unterschiedlichsten Assoziationen hervorruft, die rational selten zu erklären sind, aber offensichtlich noch bis in unsere heutige Zeit wirken. Oder fasst man sich nicht mehr an die Geldbörse, wenn der Kuckuck ruft?

Der Zeitraum zwischen dem 22. April und 21. Mai hieß im altnordischen Kalender Gauksmonadr, also Kuckucksmonat.

Einst war Zeus, damals noch griechischer Sonnengott, heftig in Hera, die Himmelsgöttin verliebt. Er hatte allerdings keinen Erfolg mit seiner Werbung. Hera bevorzugte den Kuckuck vor anderen Vögeln, weil er den Frühling brachte. Zeus nahm die Gestalt eines von Wind und Wetter zerzausten Kuckucks an mit dem Erfolg, dass ihn Hera schützend an ihrem Busen barg. Flugs verwandelte er sich zurück und fiel über die Göttin her. Um die Schande zu verbergen, heiratete sie Zeus, der nun wie ein Kuckuck die anderen Kinder aus dem Nest warf. Er stahl das mit einem Kuckuck geschmückte Zepter Heras und übernahm handstreichartig die Macht in der Götterwelt.

Die christliche Deutung des Kuckucks formulierte Aegidius Albertinus 1612, indem er die heidnische Vorstellung vom unbeholfenen Flug des Kuckucks, der sich von einem Milan durch die Lüfte tragen lässt, umdeutete. Er nannte Menschen, die schwach im Glauben waren, solche, *die sich auf den Achseln Christi, Mariae und der Heiligen zur himmlischen Glorie tragen lassen.*

Trotz vieler negativer Eigenschaften, die dem Kuckuck angedichtet wurden, verehrte man ihn vielerorts als Frühlingsboten, dessen erster Ruf gefeiert wurde. In einigen Gegenden der Schweiz glaubte man sogar, der Kuckuck brächte die Ostereier und nicht der Hase.

Lerche

Feldlerche (Alauda arvensis).

Das Tier

Lerchen *(Alaudidae)* sind kleine, bodenbewohnende Singvögel *(Passeres)* aus der Ordnung Sperlingsvögel *(Passeriformes)*. Sie hüpfen nicht wie die meisten anderen Vögel, sondern sie laufen. Der über drei bis 15 Minuten anhaltende trällernde und weithin hörbare Gesang wird von den Männchen überwiegend im Singflug vorgetragen, seltener und dann kürzer vom Boden aus. Die Männchen singen ab Ende Januar bis Mitte oder Ende Juli von der Morgendämmerung bis zum Abend. Weibchen singen ebenfalls, jedoch leise, kürzer und am Boden. Sie nisten auf der Erde und legen zwei bis sechs gefleckte Eier. Die sich von Sämereien und Insekten ernährenden, unauffällig gefärbten Tiere (Männchen wie Weibchen) haben einen schlanken Schnabel.

Feldlerchen *(Alauda arvensis)* besiedeln Europa, Nordafrika und Asien. Sie bevorzugen offene Gelände mit niedriger Vegetation. In Mitteleuropa sind sie häufig auf landwirtschaftlich genutzten Flächen zu finden. Feldlerchen sind, je nach geografischer Verbreitung, Standvögel oder Kurzstreckenzieher.

Trotz des deutlichen Bestandsrückganges gilt die Feldlerche weltweit als ungefährdet. In Deutschland war sie 1998 Vogel des Jahres.

Der Name

Über die Herkunft des Vogelnamens Lerche, ahd. *lehara,* mhd. *lērche,* niederl. *leeuwerik,* engl./ dän./ norw./ isl. *lark,* schwed. *lärka,* gibt es keine gesicherten Angaben. Das Duden-Herkunftswörterbuch hält eine lautmalerische Bildung im germanischen Wort *laiwrikon* für denkbar (anlautende Silbe). Durch die Schreibweise mit e wurde eine Unterscheidung zum Lärchenbaum (von lat. *larix*) vorgenommen.

In verschiedenen deutschen Mundarten und Dialekten kennt man auch andere, auf das Ursprungswort deutende Bezeichnungen. Auf Amrum sagt man: *Hij lêt an Lask üütjfle an wol en Gus wedder hâ.* (Er lässt eine Lerche fliegen und will eine Gans wiederhaben.) Ein anderes Sprichwort lautet: *Wenn de Leferke vor Lechtmess singt, mutt se na Lechtmess pîpen.* Am Rhein sagt man: *Sau lange die Lemerink vor Lichtmess sink, sau lange nachhier de Stemme verklink.* Leuwering und Lewark gehören ebenfalls in diese Kategorie.

Feldlerchen aus Conrad Gesners „Historia animalium". Das männliche Tier ist an der Kopfhaube deutlich zu erkennen.

Bei Abraham à Santa Clara findet sich eine eigenwillige Interpretation des Namens *Alauda,* wenn er in „Judä Iscariothis eilfertige Flucht nach Jerusalem" schreibt: *Ist doch eine Lerche dankbar, und wird allemal vor und nach dem Essen sich empor schwingen, und mit ihrem annehmlichen Feldflettel Gott den Herrn benedeien und loben.* Und er sagt über Judas: *Der Galgen-Vogel gibt eine Lerche ab, das ist Alaudam, ein Lob-Vogel.* Der lateinische Name *Alauda* wurde nach christlichem Verständnis als *Lauda Deum* (Lobe Gott!) gedeutet.

Das Krünitzsche Wörterbuch liefert eine andere Deutung: *Alauda kommt nach eigener Meynung her ab insigni alarum agitatione* [unterschiedliche Bewegung der Flügel], *weil die Lerche ihre Flügel auf eine ungemeine Weise zu schwingen pflegt.*

Cäsars Fünfte Legion trug den Namen *Alaudae,* weil die Sturmhauben der meist gallischen Krieger dem Federschopf einer Lerche ähnelten.

Der latinisierte wissenschaftliche Gattungsname *Alauda* ist wahrscheinlich keltischen Ursprungs und bezeichnet die Schopf- bzw. Haubenlerche. Das Artepitheton *arvensis (arvum* = Ackerland) bezieht sich auf das freie Feld, den Lebensraum der Feldlerche.

DIE LEGENDE

Lerchen galten als Delikatesse, denn *wenn sie noch jung, sind sie eine niedliche Speise, ihr Fleisch ist vest und braun, wohl schmeckend, angenehm und gesund, hat einen guten Saft, und ist leicht zu verdauen: besonders aber sind die Leipziger Lerchen vor anderen sehr fett, und dahero weit und breit bekannt,* erklärt das Krünitzsche Lexikon. Dort wird auch das *lustige Wayde-Werck*, die Art und Weise, wie man Lerchen fängt, beschrieben.

Lerchen spielen in der Volksmedizin und im Aberglauben eine wichtige Rolle. Herz und Blut sollen als Suppe gekocht gegen Koliken helfen, die durch Blähungen hervorgerufen wurden, riet der antike Arzt Galen. Es hülfe auch *wider das Lenden-Weh, den Stein und das Wasser aus den Nieren und aus der Blase zu treiben.* Das Blut solle man mit Essig oder warmem Wein verrührt trinken.

Der Römer Plinius empfahl gebratene Lerchenleber oder Lerchenasche ebenfalls als Medizin. Mit dem Herz des Vogels könne man verstopfte Ohrengänge wieder öffnen. Die Slowaken und Ungarn behandelten den Augenstar mit einem Lerchen-Ei. Man müsse dem Nest ein mittelgroßes Ei entnehmen, es verbrennen und zerstoßen, um die Asche auf das erkrankte Auge zu streuen.

Wer eine schöne Stimme haben wollte, musste Lerchenzunge essen. Wer später einmal ein guter Sänger werden sollte, wurde schon als Kind mit Lerchenfleisch gefüttert. Allerdings gelten Lerchen als Spötter und Imitatoren anderer Vogelstimmen.

Steigen die Lerchen besonders hoch in die Lüfte, ist mit gutem Wetter zu rechnen. *Kommt im Frühling noch einmal Schnee und die Staare und Lerchen singen lustig, so bleibt er nicht lange; sind sie traurig, zirpt die Lerche und der Finke schlägt nicht, so bleibt er liegen und es wird kalt,* lautet eine andere Wetterprophezeihung. Eine andere Wetterregel ging so: *Wenn neues Eis Matthias* [24. Februar] *bringt, so friert's noch vierzig Tage; wenn noch so schön die Lerche singt, die Nacht bringt neue Plage.*

Wenn Lerchen im Frühling hoch in den Himmel steigen, heißt es nach einem anderen Volksglauben, würden sie tot zur Erde fallen. Fraß ein Hund den verendeten Vogel, würde er davon toll. *So lange die Lerche vor*

Lichtmess sich hören lässt, so lange muss sie hernach wieder schweigen, lautet ein weiteres Sprichwort.

Bei Franz Schönwerth findet sich der Verweis auf eine Redewendung in der Oberpfalz: *Neun Gevattern sollen am Lichtmeßtage von Einer Lerchenzunge essen.* Gemeint ist damit der enge familiäre Zusammenhalt, denn *wer für das erste Kind zugesagt hat, ist an und für sich Gevatter auch bey den folgenden Kindern. Es war die geistliche Verwandtschaft, welche sonst in hoher Achtung stand, und unter den Gevatterleuten herrschte noch jene Vertraulichkeit und Aufrichtigkeit.*

Die Lerche ist einer der ersten Zugvögel, die im Frühjahr zurückkehren. Als Termin gilt Lichtmess, das ist der 2. Februar. Dann zogen die Burschen mit Reisigbesen zum Lerchenfegen los, um die Vögel aufzustöbern. Das sollte den Frühjahrsbeginn beschleunigen. *Im Februar muss die Lerche auf die Heid', mag's ihr lieb sein oder leid.* Kamen die Vögel aber nicht zur vorher bestimmten Zeit, wurde ihnen übel nachgeredet, als wären sie Diebe.

Nach christlicher Deutung sollte die Ankunft der Lerchen auf die Menschwerdung Christi deuten. Weil sie nur singt, wenn sie sich zum Himmel erhebt, wurde sie zum Sinnbild für die Verbindung zwischen Himmel und Erde, aber auch für das Priestertum. Lerchengesang wird im Volkslied *Morgengebet der Schöpfung* genannt.

Wenn man Dinge verwechselt, die eigentlich keine Ähnlichkeit miteinander haben, sagt man: *Es ist ein Hirsch oder eine Lerche.* Der Hintergrund dieser Redewendung ist aber der, dass unsere Vorfahren in der Lerche mitunter den Teufel vermuteten. Um ihn mit der Nennung des eigentlichen Namens nicht zu rufen, sagte man Hirsch.

In Märchen und Sagen erscheint die Lerche häufig als ein hilfreicher Wegweiser. In Grimms „Das singende springende Löweneckerchen" hat ein Vater große Mühe, für seine Tochter ein solches Löweneckerchen (Synonym für die Lerche) herbeizuschaffen. Die Bedingung des Löwen, der diesen Schatz bewacht, besteht darin, dass sich ihm das Mädchen hingibt. Das Mädchen willigt ein. Natürlich ist der wilde Löwe ein verzauberter Prinz, der durch die Liebe erlöst wird.

Ludwig Bechsteins Märchen „Des Hundes Not" erzählt von der besonderen Freundschaft einer Lerche mit einem Hund. *Es war ein Hund, der lag hungrig und kummervoll auf dem Felde, da sang über ihm eine Lerche ihr wonnigliches Liedlein mit süßem Ton. Als der Hund das hörte, da sprach er: „O du glückliches Vögelein, wie froh du bist, wie süß du singest, wie hoch du dich aufschwingst! Aber ich – wie soll ich mich freuen? Mich hat mein Herr verstoßen, seine Türe hinter mir gesperrt, ich bin lahm, bin krank, kann kein Essen erjagen, und muß hier Hungers sterben!"*

Meise

Meisen (Paridae).

Das Tier

Die vor allem in baumreichen Habitaten lebenden Meisen *(Paridae)* sind eine der 51 Arten umfassenden Familie in der Ordnung der Sperlingsvögel *(Passeriformes)*, Unterordnung Singvögel *(Passeri)*. Die systematische Einteilung ist noch nicht abgeschlossen.

Die Beutelmeisen *(Remizidae)* und die Schwanzmeisen *(Aegithalidae)* werden als eigenständige Familien betrachtet. Meisen kommen in der nördlichen Hemisphäre und in Afrika vor.

Die kleinen Vögel haben einen gedrungenen Körper und einen kräftigen Schnabel. Die gewandten Kletterer ernähren sich von Insekten und Sämereien. Sie sind Höhlenbrüter, die sich oft zu gemischten Trupps zusammenschließen.

„Von mancherlei Meisen" aus Conrad Gesners „De avium natura". (Frankfurter Neudruck von 1600, deutsch.)

Die in Mitteleuropa häufig anzutreffende Blaumeise *(Cyanistes caeruleus, Syn. Parus caeruleus)* ist an ihrem blau-gelben Gefieder einfach zu erkennen. Sie bevorzugt tierische Nahrung, vor allem Insekten und Spinnen, ernährt sich aber auch von Sämereien und von anderer pflanzlicher Kost. Blaumeisen brüten meist in Baumhöhlen. Nistkästen werden gern angenommen. Hauptkonkurrent um Bruthöhlen und bei der Nahrungssuche ist die deutlich größere Kohlmeise *(Parus major)*.

Angeblich machen Meisen auch Jagd auf Fledermäuse. Immerhin ist für in Ungarn beheimatete Kohlmeisen nachgewiesen, dass sie im Winter bei Nahrungsknappheit schlafende Zwergfledermäuse *(Pipistrellus pipistrellus)* in ihren Schlafhöhlen angreifen.

Der Name

Der Name Meise geht vermutlich auf ein nicht mehr gebräuchliches germanisches Adjektiv *maisa* für klein, dünn zurück. Es erscheint u.a. auch in dän. *mejse*, frz. *mésange*, isl. *meisa*, niederl. *mees,* schwed. *mes.* In Norwegen bezeichnet man einen Schwächling als *meis*.

Der wissenschaftliche Gattungsname *Paridae (parus* = Meise) entspricht dem lateinischen Vogelnamen. *Cyanistes* ist von griech. *kyaneos* (= dunkelblau) abgeleitet. Die lat. Beifügung *caeruleus* bedeutet bläulich.

Unter Meise verstand man früher auch einen Trag- oder Futterkorb sowie ein Maß für Gegenstände. Das Wort ist nur noch mundartlich erhalten.

Die Legende

Im Allgemeinen sind Meisen in unseren Breiten sehr beliebt. Ihr fröhlicher Gesang stimmt auf den Frühling ein. In einem Gedicht von Hermann Löns heißt es:

> *Die Meise läutet den Frühling ein,*
> *Ich hab es schon lange vernommen,*
> *Er ist zu mir bei Eis und Schnee*
> *Mit Singen und Klingen gekommen.*

Sie halten sich auch gern in der Nähe von Menschen auf und erfreuen durch ihre nahezu akrobatischen Kletterkünste selbst am kleinsten Zweigende. Ihre „Kessheit" ließ auch an andere Lockerheit denken, weshalb man sie gern mit jungen Dirnen (siehe Bordsteinschwalbe) vergleicht. Allerdings wurde ihr scharf erfassender Blick von den Franzosen eher als Bosheit interpretiert, weshalb man an ihnen heraufkommendes Unglück erkennen wollte.

Die Redensart „eine Meise haben" variiert „einen Vogel haben". Nach einem alten Volksglauben war die Ursache von Geistesgestörtheit, dass sich Tiere (besonders Vögel) im Kopf eingenistet hatten. Deshalb sagt man auch: „Bei dir piept's wohl?"

Früher fing man Meisen, um sich ihres Gesangs in einem Vogelbauer zu erfreuen. Sie wurden auch, vor allem von den ärmeren Schichten, trotz der geringen Fleischmenge wie Finken gebraten.

In Sagen und Märchen erscheint die Meise als kluger Vogel, der sich auch in gefährlichen Situationen zu helfen weiß. In dem Märchen „Die kluge Meise und der Fuchs" des Siebenbürgers Josef Haltrich will der Fuchs den noch nicht flüggen Nachwuchs der Meise haben. Die überlistet ihn aber mehrfach, bis er schließlich auf einer Tenne mit einem Dreschflegel *aus dem Pelz geschlagen* wird.

Etwas anders geht das estnische Märchen vom Raben, der eine Meise heiraten wollte, womit sie auch einverstanden war. Als es der Braut am Abend zu langweilig wurde, forderte sie ihren Bräutigam auf, ihr eine Geschichte zu erzählen. Das tat er auch. Aber wenn der Rabe eine Begebenheit aus dem vorigen Jahr erzählte, setzte die Meise prompt eine vom vorvorigen Jahr drauf. Zur zweiten wusste sie eine, die sie bereits vor fünf Jahren erlebt habe. Und auf die dritte Geschichte des Raben prahlte sie mit einer, die sie vor einem Dutzend Jahre erlebt haben wollte. Schließlich überlegte sich der Rabe die Sache noch einmal ganz genau, denn *ein solch altes Weib, das das alles gesehen und miterlebt hatte, wollte er nun doch nicht.*

Ludwig Auerbach erzählt eine Geschichte vom Kemptner Bürgermeister, dem einmal seine Meise entflogen ist, woraufhin er alle Stadttore schließen ließ und die Kemptner aufforderte, den Vogel wieder einzufangen, was natürlich nicht gelang. *Und noch heutigs Tags, wenn ein Kemptner einen Winkel durchsucht, sagt man, daß er die Meise fangen wolle. Darum werden die Kemptner von ihren Landsleuten Meisenfänger genannt.*

Eine Zeile der in vielen Strophen und Variationen kursierenden „Vogelhochzeit" zitiert Clemens von Brentano in seinem „Märchen von dem Hause Starenber und den Ahnen des Müllers Radlauf": *Die Meise, die brachte manche Speise.*

Das deutsche Sprichwort vom Spatz in der Hand und der Taube auf dem Dach hat eine tschechische Entsprechung: *Besser eine Meise in der Hand als eine Nachtigall im Walde.* Die Letten sagen: *Besser eine Meise in der Hand als einen Auerhahn auf dem Baume. (Lepší sikora v ruce, než slavík v lese jeřáb pod nebem.)* Bei den Finnen heißt es ähnlich: *Besser in der Hand die Meise als den Birkhahn auf dem Baume.*

Die Erfahrung der Vogelsteller drückt sich in dem Sprichwort aus: *Wer Meisen fangen will, der muss ein Meisenbein pfeifen.* (Eine Lockpfeife aus dem Schenkelbein einer Gans, um Meisen zu fangen.)

In Oberösterreich reagierten die Weißenthurmer Naturfreunde im 19. Jahrhundert auf die überhand nehmende Vogelstellerei mit hohen Strafen und sie sagten zornig: *D' Moasenfâa soll ma' alsand hâa.* (Die Meisenfänger soll man allesamt hängen.)

In der Gaunersprache hieß es, wenn nichts mehr zum Stehlen da war, weil andere Gauner den Ort schon frequentiert hatten: *Hier sind die Meisen ausgenommen* (ausgeflogen).

Die Kenner der Vogelsprache wussten, dass Rotschwänzchen und Meise des Menschen Warner sind. *Jenes rufe ihm zu: „Hüt' dich, hüt dich!", indess die Meise ebenso andauernd ertönen lasse: „Sieh dich vor, sieh dich vor!"*

Milan

Milan (Milvus milvus).

Das Tier

Der Rotmilan *(Milvus milvus)* ist eine Greifvogelart aus der Familie der Habichtartigen *(Accipitridae)*. Das Verbreitungsgebiet ist im Wesentlichen auf Zentral-, West- und Südwesteuropa beschränkt. Die Hälfte des Gesamtbestandes dieser Art brütet in Deutschland. Er ist größer als ein Mäusebussard, hat sehr lange Flügel und einen langen Schwanz. Sein Kopf-, Nacken- und Kehlgefieder ist fast weiß, wobei die schwarzen Federnschäfte diese Körperpartien schwarz gestrichelt erscheinen lassen. Er verfügt über einen an der Basis gelben, am Schnabelhaken dunkelgrauen oder schwarzen Schnabel. Die gelben Beine sind kurz, die Krallen schwarz. Das schwarz längsgestrichelte Bauchgefieder ist heller und leuchtender rötlichbraun als das Rückengefieder. Arm- und Handschwingen sind an ihren Enden fast schwarz.

Man erkennt den Rotmilan an seinem gegabelten Schwanz, an der Flügelspannweite und fünf Fingern an den Flügelenden.

Der Rotmilan bevorzugt offene, mit kleinen und größeren Gehölzen durchsetzte Landschaften. Man findet ihn vor allem in Niederungen und Hügellandgebieten etwa bis in 800 Meter. Während der Brutzeit jagt er vor allem kleine Säugetiere und Vögel. *Von Wildbret kann er selten etwas anderes fangen, als ganz junge Hasen und Hühner, wenn er solche zuweilen in der Freyheit erwischt; er nährt sich und seine Jungen daher meistentheils mit Feldmäusen, Maulwürfen, auch mit Fröschen*, schreibt die Krünitzsche Enzyklopädie. Im Frühjahr sind Käfer und Regenwürmer wichtige Nahrungsbestandteile.

Über den Schaden, den der Milan angeblich anrichtet, schreibt Alfred Brehm: *Das allgemeine Urtheil bezeichnet den Milan als einen unserer schädlichsten Raubvögel. Ich vermag nicht, dieser Ansicht bedingungslos beizutreten, meine vielmehr, daß der von ihm verursachte Schaden in denjenigen Gegenden, welcher er als Wohnungsorte bevorzugt, nicht so erheblich in das Gewicht fällt. Am meisten schadet er unzweifelhaft dadurch, daß er andere Raubvögel in der widerwärtigsten Weise an bettelt oder so lange belästigt, bis sie ihm die erhobene Beute zuwerfen, sie also zwingt, mehr zu rauben, als sie selbst bedürfen.*

Auffällig sind die langen, schmalen Flügel und der tief gegabelte, rostrote Schwanz. Besonders kontrastreich ist das Flugbild von unten. Die Geschlechter unterscheiden sich in der Färbung nicht.

Die Männchen haben ein Gewicht von einem Kilogramm, Weibchen können bis zu anderthalb Kilogramm erreichen.

Die Körperlänge variiert zwischen 60 und 73 Zentimetern, wovon etwa die Hälfte auf den Schwanz entfallen. Die Spannweite der Flügel beträgt 150 bis 170 Zentimeter.

Der Name

Der Name Milan ist von frz. *milane* übernommen und geht auf lat. *milvus* (= Milan) zurück. Diese lateinische Wurzel erscheint in fast allen europäischen, aber auch in vielen nicht-europäischen Sprachen als *milan(e)* bzw. *milano*. Eine etwas veränderte Form ist das poln. Wort *mediolan*, das aber ebenfalls auf die lateinische Wurzel zurückgeht.

Die landschaftlich gebrauchte Bezeichnung Gänse-Aar oder Gänse-Adler trifft allerdings auch auf andere Greifvögel zu, zu deren Beute junge Gänse gehören, die der Milan nur im Flug von unten angreift. Ein Sprichwort sagt: *Die Gänse sind närrische Vögel; wenn der Fuchs oder Wolf kommt, sollten sie in die Höhe fliegen; wenn aber der Gänseaar kommt, sollten sie sitzen bleiben.*

Die Herkunft des Wortes Weih(e), synonym für Milan verwendet, ahd. *wîo*, mhd. *wîe*, ist nicht sicher. Möglich ist eine Ableitung vom indog. *uei* (= jagen). Dann wäre Weihe mit Jäger oder Fänger zu übersetzen. Ein sporadischer Zusammenhang zu der kultischen Handlung Weihe (ahd. *wîha* = heilig) besteht nicht.

Das Grimmsche Wörterbuch verweist ebenfalls auf *idg. wei-o, „aus zwei bestehend" zu idg. vi „zwei", aind. vayā „zacke", lat. vi(ginti)*. Das Bild von der charakteristischen, gabelförmigen Schwanzfeder des Vogels drängt sich damit auf.

Hermann Heinrich von Fürst listet in seinem „Illustrierten Forst- und Jagdlexikon" von 1837 zahlreiche, landschaftlich bedingte Synonyme für den Milan auf: *Gabelgeier, Gabelschwanz, Gabelweihe, Gabler, Gänse-Aar, Grimmer, Hau-Aar, Hühneraar, Hühnerdieb, Hühnergeier, Hulewyh, Kikendieb, Königlicher Geier, Königsweihe, Kükewieh, Kürweihe, Kurwy, Rötelweihe, Rüttelweihe, Scherschwänzel, Schwalbenschwanz, Schwalbenschwanzgeier, Schwimmer, Steingeier, Stößer, Stoßgeier, Stoßvogel, Twelsteert, Tyrerl, Wasserfalke, Weichfalke, Weichmilan, Weihe (bunte, gemeine, rostige, rötliche), Wüw, Wy.*

Weitere Synonyme für Milan finden sich im Grimmschen Wörterbuch: *Gänse-Adler, Gänsehabicht, Goosarend (dän. Gaaseören), Kurweihe, Mülane.*

Die Legende

Isis, die altägyptische Göttin, trauerte in Gestalt eines Milans um ihren Bruder und Gatten Osiris, den Seth getötet hatte. Deshalb gilt der Milan als Symbol der Treue und Gattenliebe einer Frau. Gemeinsam mit Nephtys bewachte sie in der Gestalt des Vogels die Kanopenkrüge, in der nach altägyptischem Brauch die Eingeweide eines Toten verwahrt wurden.

Bei den Römern galt der Rote Milan als Unglücksbote. Weil er kleineren Raubvögeln die Beute abjagt, interpretierten die Seher das als ein böses Omen. Zeigte er sich vor einer Schlacht, bedeutete das eine militärische Niederlage. Setzte er sich auf das Dach eines Hauses, waren Unheil und Tod unausweichlich.

Um zu verhindern, dass ein Milan auf dem Hühnerhof einfällt, wurde ein getöteter Vogel an die Hoftür genagelt. Die Hühner ihrseits schützte man vor dem Raubvogel, indem man Teigreste aus dem Backtrog an sie verfütterte oder man ließ sie zu Fastnacht durch einen hölzernen Reif laufen.

Amüsant ist eine Geschichte vom türkischen Hodscha Nasreddin, der eine Scheibe Leber auf dem Basar gekauft hatte und sich von einem Freund aufschreiben ließ, wie man sie am besten zubereitet. Plötzlich stieß ein Milan herab, entriss ihm die Leber und flog davon. Hodscha konnte ihn nicht fangen, deshalb rief er ihm triumphierend hinterher: „Es wird dir nichts nützen, *ich* habe das Rezept!"

Milane hat man auch für die Jagd abgerichtet. Im kaiserlichen Hof zu Wien wurde – analog zur *Falkenpartei und Reiherpartei* – dafür eigens eine *Milanpartei* als jagdliche Vereinigung gegründet, die aus dem Milanmeister, verschiedenen Milanknechten und Milanjungen bestand.

Adalbert Kuhn berichtet von einem Brauch, wonach *die Knechte am zweiten Pfingsttage mit einem Gänseaar* [Milan], *der auf ein Kreuz, das man an einer langen Stange befestigt, genagelt ist, umherziehen, indem sie Eier, Schinken und dergleichen mehr in einem Liede für sich erbitten.*

In Polen kennt man das Sprichwort: *Er dürstet wie der Hühnergeier nach Regenwasser.* Hintergrund ist die Annahme, dass der Hühnergeier nur fallendes Regenwasser trinkt und dass er es mit offenem Schnabel auffängt. Ertönt sein heiseres Geschrei, so verlange es ihn nach frischem Regenwasser. Das wurde auf Menschen übertragen, die gern mal ein Gläschen leeren. Oder mehrere.

Möwe

Möwen (Larus ridibundus).

Das Tier

Die Möwen *(Laridae)* sind eine Vogelfamilie innerhalb der Ordnung der Regenpfeiferartigen *(Charadriiformes)*. Mitunter werden auch Raubmöwen, Seeschwalben, Scherenschnäbel und Alkenvögel dieser Familie zugeordnet. Entsprechend dieser Betrachtungsweise gehören 55 Arten in die Familie. Bislang wurden sie in sieben Gattungen eingeteilt.

Bekanntester Vertreter und in unseren Breiten am weitesten verbreitet ist die Lachmöwe *(Chroicocephalus ridibundus, Syn. Larus ridibundus)*. Die kleine Möwenart brütet in den Verlandungszonen größerer Gewässer im Binnenland, aber auch an den Küsten.

Im Prachtkleid (März bis Juli) ist der Kopf dunkel schwarzbraun, die Augen sind schmal weiß gerandet; Rücken, obere und untere Flügeldecken, die Oberseite der Arm- und der inneren Handschwingen sind hellgrau, der übrige Rumpf einschließlich Schwanz weiß. Schnabel und Beine sind rot, die Iris ist dunkelbraun. Im Schlichtkleid sind nur die Augenregion und der Ohrbereich diffus schwärzlich gefärbt, der rote Schnabel hat eine schwärzliche Spitze.

Möwen im Größenvergleich (nach Brehms Tierleben)
1. Lachmöwe (Larus ridibundus) – 2. Heringsmöwe (Larus fuscus)
3. Mantelwöwe (Larus marinus) – 4. Zwergmöwe (Larus minutus)
5. Silbermöwe (Larus argentatus) – 6. Eismöwe (Larus glaucus)
7. Sturmmöwe (Larus canus).

Das breite Nahrungsspektrum der Lachmöwen umfasst pflanzliche und tierische Anteile, wobei letztere meist überwiegen.

Möwen sind mit zwei Jahren geschlechtsreif, ein erstmaliges Brüten erfolgt jedoch meist erst im vierten Kalenderjahr.

Die Vögel brüten in Kolonien, die zehn bis 1.000 Paare umfassen können. Die Eiablage erfolgt in Europa überwiegend ab Mitte bis Ende April.

Der Name

Der Name Möwe (frühere Schreibweise Möve) ist vielleicht lautmalerisch nach dem Ruf *(rä grä grä-krää, kräähh)* der Vögel gebildet, seine Herkunft aber nicht gesichert. Das Duden-Herkunftswörterbuch verweist auf fries. *meau, mieu*. Er kam aus der niederländischen Sprache *(meeuw)* und wurde bis ins 18. Jahrhundert *mewe* geschrieben. Luther übersetzte den Vogelnamen noch mit Kuckuck. In Rudolf Heuszlins „Vogelbuch" (16. Jh.) heißt der Vogel *der meb*. Die feminine Form *meve* kommt erst später in Gebrauch.

Auch das Grimmsche Wörterbuch kann keine genaue Herkunft belegen. *der name ist bei den seeumwohnenden stämmen uralt: ags. mæw, altengl. mow, engl. mew; alts. mêu … ins ahd. als mêh gekommen; niederd. mewe,… isländ. mâfr, dän. maage.*

Bei Friedrich von Hagedorn heißt es: *die grauen mewen fliehn / mit bangem flug, und nähern sich dem lande.* Während bei Heinrich Heine zu lesen heißt: *Schon flattert, leichenwitternd, / die weiße, gespenstische Möwe.*

Der Name Lachmöwe hat nichts mit lachen zu tun, sondern ist von Wasserlache (lat. *lacus*) mit Bezug auf den häufigen Aufenthaltsort der Vögel abgeleitet. In älteren Schriften, so z.B. bei Conrad Gesner, findet sich die Bezeichnung Holbrot für Möwe, die allerdings auch für Wasserhühner und Kiebitze gebräuchlich war. Holbrot oder Holbruder sagt man allerdings auch zu einem windigen Burschen.

Der wissenschaftliche Gattungsname *Larus* ist die latinisierte Form des griech. *láros,* mit dem ein gefräßiger Seevogel, aber auch der Dummkopf oder Gimpel bezeichnet wurde. (Das endbetonte *larós* dagegen bedeutet genussreich, köstlich.) Die Beifügung *ridibundus* (= lachend) folgt der irrtümlichen Annahme, dass Lachmöwe mit Gelächter oder Lachen zu tun hätte.

Die Legende

In den Sagen der Altvorderen erscheinen die Seelen Schiffbrüchiger und grausamer Kapitäne, in jüngeren Vorstellungen auch Nonnen, als Möwen. Deshalb dürfen die Vögel nicht getötet, und nach jüdischer Auffassung auch nicht verzehrt werden. Sie gelten als unrein, weil sie auch allen Unrat wie Innereien von Schweinen fressen. Dagegen steht allerdings, dass in der Volksmedizin Möwenhirn bei Epilepsie verordnet wurde. *Die Isländer essen jung und alt, und suchen auch ihre Eyer auf,* behauptet die Krünitzsche „Oekonomische Encyklopädie".

Landeinwärts fliegende Möwen kündigen Fischreichtum oder Sturm an. Die Ostfriesen sagen: *Mêven in't Land, Unwêer vör de Hand.*

Ein Eskimomärchen erzählt, wie die Möwen entstanden sind und folgt damit der Vorstellung, sie seien die Seelen Verstorbener. In der Übersetzung von Paul Sock geht die Geschichte so:

Einige Leute in einem Boot wollten um eine Landspitze, die weit ins Wasser ragte, herumkommen. Da das Wasser unter dem Ende der Landzunge, die in einer hohen Klippe endete, immer sehr stark bewegt war, baten einige Frauen, man sollte doch über den Landrücken gehen. Eine von ihnen stieg auch mit ihren Kindern aus, um das Boot zu erleichtern. Sie sollte über jene Stelle gehen und die anderen versprachen, drüben auf sie zu warten. Die Leute im Boot waren so weit gekommen, daß die Rufe, welche die Richtung angeben sollten, undeutlich wurden. Die arme Frau wurde ängstlich und hatte die anderen im Verdacht, sie wollten sie verlassen. Sie blieb bei der Klippe und schrie unausge-

setzt die letzten Worte, die sie gehört hatte. Schließlich wurde sie in eine Möve verwandelt und über den ganzen Sund ertönt jetzt ein: „geh' rüber, g-rüber, güber, über, üb!" und so fort.

In einem anderen Eskimomärchen wird erzählt, wie ein Jäger von einem Raben allerhand Unverdauliches zu essen angeboten bekam, das er allemal wieder ausspuckte. Als er aber bei einer Möwe zu Gast war, bewirtete sie ihn mit getrocknetem Fisch. Also ging er satt nach Hause und erzählte allen von dem gastlichen Vogel.

Johann Georg Grässe erzählt im „Sagenbuch des Preußischen Staates" über eine Insel im schleswigschen Fluss Schlei, wo sich alle Jahre am Gregoriustag (12. März) die Möwen versammeln und ihre Nester bauen. Die Stadt stellt einen Hirten an, den Möwenkönig, der die Vögel beschützen soll. Schlüpfen aber die Jungvögel aus der dritten Brut, *dann stürmt es an einem Sonnabend Mittag, sowie die Uhr zwölf schlägt, von allen Seiten auf den Berg. Knaben greifen die nackten Jungen; die andern erreichen die Schützen, die ganze Schlei ist mit Böten bedeckt und Schüsse knallen ringsherum. Bis zum Sonntag Mittag um zwölf Uhr dauert der Mövenpreis.* Die übriggebliebenen Möwen verlassen die kleine Insel, müssen aber alle Jahre wiederkommen, denn sie sollen die Seelen der Krieger von König Abel sein. Um die armen Seelen zu erlösen, darf der Hirte sie dreimal nacheinander nicht bewachen und ihnen vor dem Mövenpreis keine Ruhe gönnen.

Nach einer anderen Sage befand sich auf der Möweninsel ein Schloss, dessen Herr die Menschen der Umgebung drangsalierte und ausbeutete. Als das Schloss samt Herrschaft und Diener versank, verwandelten sich dieselben in Möwen, die seither allein auf der Insel leben.

Der russische Dichter Anton P. Tschechow erzählt in seinem Schauspiel „Die Möwe", dass der Sohn Arkadinas sich am Ende des Stückes erschießt, als er erkennt, dass die geliebte Nina die Unschuld der weißen Möwenschwingen gegen die braunen Flügel eines Stars vertauscht hat und zutiefst unglücklich in ihrem Leben ist.

Der zu DDR-Zeiten berühmte Künstlerklub „Die Möwe" in der Berliner Luisenstraße hat seinen Namen daher, weil Tschechow in den Räumen des einstigen Cafés aus seinem Stück vorgelesen hat.

Christian Morgenstern beginnt sein „Möwenlied" mit der berühmt gewordenen Strophe: *Die Möwen sehen alle aus, als ob sie Emma hießen.*

Nachtigall

Nachtigall (Luscinia megarhynchos).

Das Tier

Die Nachtigall *(Luscinia megarhynchos)* gehört in die Ordnung der Sperlingsvögel *(Passeriformes)*. Die nordöstliche Schwesternart ist der Sprosser *(Luscinia luscinia)*. Die Nachtigall misst von Schnabel bis Schwanzspitze etwa 16,5 Zentimeter. Die Körperoberseite des farblich unauffälligen Vogels erscheint in einem warmen Braun, die Unterseite ist gelbbräunlich, der Schwanz rotbraun. Der Sprosser ist etwas dunkler gefärbt und hat eine graubraune Brustfleckung.

Nachtigallenmännchen singen im Frühjahr ab elf Uhr nachts bis in den Morgen hinein. Sie stellen ihren nächtlichen Gesang ein, wenn sich ihnen ein Weibchen zugesellt hat. Nur unverpaarte Männchen sind ab Mai in der Nacht zu hören. Während der Brutsaison bis Mitte Juni singen Nachtigallenmännchen aber auch tagsüber. Sie beherrschen zwischen 120 und 260 zwei bis vier Sekunden lange, unterschiedliche Strophentypen.

Die Zugvögel besiedeln dichtes Gebüsch am Waldrand und in feuchtem Gelände, aber auch in Feldgehölzen. Sie sind in Asien, Europa und Nordafrika heimisch. Die mitteleuropäischen Nachtigallen überwintern in Afrika. In Australien wurden die Nachtigallen durch weiße Siedler eingeführt.

Johann Friedrich Naumann beschreibt den Vogel so: *Im Betragen der Nachtigall zeigt sich ein bedächtiges, ernstes Wesen. Ihre Bewegungen geschehen mit Ueberlegung und Würde; ihre Stellungen verraten Stolz, und sie steht durch diese Eigenschaften gewissermaßen über alle einheimischen Sänger erhaben. Ihre Geberden scheinen anzudeuten, sie wisse, daß ihr dieser Vorzug allgemein zuerkannt wird.*

Der Name

Der westgermanische Name Nachtigall, ahd. *nahtgala,* bedeutet, abgeleitet von dem westgermanischen Grundwort *galōn* (= Sängerin), Nachtsängerin. Das ahd. *galan* in der Bedeutung singen gehört zur Wortgruppe von gellen. Der schön gekleidete, elegante Liebhaber Galan hat allerdings andere sprachliche Wurzeln (span. *galano* = schön gekleidet, höfisch).

Für das 16. Jahrhundert nennt das Grimmsche Wörterbuch auch *nachtgall, nachtgal*. Das Wort wurde seinem Ursprunge gemäß feminin gebraucht, wobei das männliche Tier auch als der Nachtigall bezeichnet wurde. In Joachim Rachels „Deutsche satyrische Gedichte" (neue Auflage von 1828) heißt es: *hörst du den nachtgall? wie lieblich schlägt er an.*

Der Gattungsname *Luscinia* ist der lateinischen Sprache entnommen, wo ebenfalls die maskuline Form *luscinius* erscheint. Der Artname *megarhynchos* ist griechischen Ursprungs und bedeutet groß-, langschnäbelig, langrüsselig, und bezieht sich auf den gegenüber dem Körper relativ langen Schnabel des Vogels. Der Name Sprosser, abgeleitet von Sprossen im Sinne von Hautflecken (Sommersprossen), bezieht sich vermutlich auf die gewölkte bis gefleckte Brustzeichnung des Vogels.

Die Legende

Der Gesang der Nachtigall gilt zu Recht als der schönste unter den vielen Liedern der Singvögel. Das hat dem Vogel allerdings auch manchen Nachteil eingebracht, denn die eigensüchtigen Liebhaber seines Gesangs haben den Vogel am liebsten in einem Käfig gefangen gehalten. Mit den Vögeln wurde auch ein schwunghafter Handel in ganz Europa geführt. Und natürlich wollten die Halter einen besonders guten Sänger erwerben.

Die Unterscheidung wurde nicht so sehr nach Nachtigall oder Sprosser vorgenommen, sondern mit Bezug auf den Lebensraum. So kam der Sprosser auch zu der Bezeichnung Wasser- oder Auennachtigall, weil man der Ansicht war, die Nähe des Wassers mache die Kehle des Vogels besonders geschmeidig. Die Beliebtheit der Nachtigall als Käfigvogel trieb die Preise dermaßen in die Höhe, dass sich Plinius erregte, sie seien teurer als Sklaven oder Waffenträger. Im Mittelalter redete man sie ehrfurchtsvoll mit Sie an.

Ob Shakespeare wirklich eine Nachtigall oder nicht doch einen Sprosser gemeint hat, sei dahingestellt. Julias flehentliche Bitte: *It was the Nightingale and not the Larke* – lautet in der berühmt gewordenen Schlegel/Tieckschen Übersetzung: *Es war die Nachtigall, und nicht die Lerche.*

Wenn aber einer die Nachtigall trapsen hörte, dann begegnete ihm die verballhornte Form aus „Des Knaben Wunderhorn". In dem Gedicht „Die Nachtigall" lautet die erste Zeile der ersten Strophe: *Nachtigall, ich hör dich singen* – und die der zweiten: *Nachtigall, ich seh dich laufen.*

Schon im Altertum wurde die Nachtigall wegen ihres schönen Gesangs geliebt und verehrt und mit allerlei Mythen und Legenden umwoben. Die thrakischen Mänaden hatten den von ihnen ermordeten Sänger Orpheus zerrissen und sein Haupt ins Meer geworfen. Es wurde bei der Insel Lesbos angetrieben und feierlich begraben. Lesbos wurde zu einer berühmten Orakelstätte. Nachtigallen ließen sich am Grab des gemeuchelten Sängers nieder. Sie wurden zu Boten der Liebe und der Trauer.

Nach einer griechischen Sage hat Aëdon aus Neid auf die vielen blühenden Kinder der Niobe deren ältesten Sohn ermorden wollen, aber versehentlich ihren eigenen Sohn getötet. Darum bat sie Zeus, sie in eine Nachtigall zu verwandeln, damit sie den Tod ihres Sohnes in ihrem Gesang beklagen könne.

In einer anderen Sage verwandelte Zeus die Aëdon in eine Nachtigall, ihre Schwester Chelidonis in eine Schwalbe, Pandareos in einen Seeadler und Polytechnos in einen Pelikan. Daher kommt die für schön Singende, aber auch für Schwätzer gebrauchte Bezeichnung *Daulische Krähe*, weil Philomele zu Daulis in eine Nachtigall verwandelt wurde.

Der Tragödiendichter Euripides erhielt die ehrende Bezeichnung „süß singende Nachtigall des Theaters". Mit gutem Grund nannte Hans Sachs seinen Zeitgenossen Martin Luther die *Nachtigall von Wittenberg*. Auch Melanchthon wurde mit der ehrenvollen Bezeichnung Nachtigall gewürdigt.

Das Christentum bezog sich auf den unscheinbaren Vogel mit der wunderbaren Stimme als Sinnbild der Demut und Aufforderung zum Gotteslob. Sie wurde auch mit dem sterbenden Jesus auf Golgatha verglichen.

Walther von der Vogelweide dichtete: *schône sanc diu nahtegal*. Bei Megenberg heißt es: *diu nahtigal (…) singt gar ämsicleich und gar frävenlich über ir kraft…* Die Nachtigall singt, flötet, schlägt, schmettert, trillert laut Brockes, und er dichtete: *es schlug die sängerin der nacht. / der büsche königin, die nachtigall*. Bei Klopstock lesen wir die Zeilen: *Da sang die Nachtigall ihr höheres, ihr seelenerschütterndes Lied.* Oder Johann Gottfried Herder: *Einst schlug mit wundersüßem Schall / die klagenreiche Nachtigall.*

Auch in zahlreichen Redewendungen und Sprichwörtern begegnet uns die Nachtigall. So sagt man: *Die Nachtigall kann nicht allweg singen*, oder: *Was eine Nachtigall werden will, singt schon früh*. Heißt es aber, die Nachtigallen können nicht singen, bedeutet das laut Grimm, *die weiber können nicht schwätzen*. Auf die in Gefangenschaft lebenden Sänger gemünzt war die alte Redeweise: *es hat kein nachtgall so gnug im kefig, sie sucht lieber dauss ir speis*. In den Tagebüchern der Bettina von Arnim findet sich der Hinweis: *Nachtigallen sind neugierig, sagen die Leute, bei uns ist ein Sprichwort: Du bist so neugierig wie eine Nachtigall*.

Der Volksmund weiß: *Nachtigall und Lerch' singen nicht in Einer Kerch'.* In Mecklenburg sagt man: *Einen sin Ûl is'n annern sin Nachtigall.* Und der Bauer sagte zur Nachtigall in den Zeiten niedriger Getreidepreise: *Du hast gut flöten!*

In vielen Märchen begegnet uns die Nachtigall. Bei den Brüdern Grimm z. B. spielt sie in dem von Jung-Stilling übernommenen Märchen von Jorinde und Joringel eine wichtige Rolle. Eine Hexe verzaubert Jorinde in eine Nachtigall, die Joringel mit einer blutroten Blume zurückverwandeln und befreien kann.

Theodor Storm hat sie in einem Gedicht besungen. *Das macht, es hat die Nachtigall / Die ganze Nacht gesungen; / Da sind von ihrem süßen Schall, / Da sind in Hall und Widerhall / Die Rosen aufgesprungen.*

Pirol

Pirol (Oriolus oriolus).

Das Tier

Der Pirol *(Oriolus oriolus)* ist ein Singvogel der Familie Pirole *(Oriolidae)*. Anhand des Gefieders unterscheidet man zwei Unterarten. *Oriolus oriolus oriolus* ist die in Nord- und West-Eurasien verbreitete Nominatform. Die Unterart *Oriolus oriolus kundoo* ist im südlichen Zentralasien und im Norden von Indien beheimatet. Pirole sind Charaktervögel lichter Auenwälder, Bruchwälder und gewässernaher Gehölze.

Der schlanke Vogel erreicht eine Körperlänge bis 24 Zentimeter. Die Männchen sind mit durchschnittlich 41 Gramm deutlich leichter als die Weibchen (71,8 Gramm). Beide haben einen rosa bis rostfarbenen Schnabel, die Beine und Krallen sind grau gefärbt, die Augen haben einen bräunlichen bis rötlichen Farbton.

Das Männchen hat einen grell-gelben Rumpf und schwarze Flügeldecken. Die Schwanzfedern und der Stoß sind schwarz mit zwei gelben Streifen. Die jungen Weibchen sind mattgrün gefärbt mit etwas hellerer, gesprenkelter Brust und einem gelblichen Unterbauch. Ältere Weibchen weisen zum Teil deutlich mehr Gelb im Gefieder auf.

Die ersten Pirole erreichen ihre Brutplätze in Mitteleuropa Ende März, die meisten erscheinen aber erst Anfang Mai.

Der Name

Der Name Pirol, aber auch der Andersname Vogel Bülow (auch Herr von Bülau oder Junker Billow), ist eine lautmalerische Nachbildung der unterschiedlichen Rufe und Melodien. Alfred Brehm schreibt: *Die Lockstimme ist ein helles „Jäck, jäck" oder ein rauhes „Kräk", der Angstschrei ein häßlich schnarrendes „Querr" oder „Chrr", der Ton der Zärtlichkeit ein sanftes „Bülow". Die Stimme des Männchens, welche wir als Gesang anzusehen haben, ist volltönend, laut und ungemein wohlklingend.*

Der Vogel wurde mhd. als *(brouder) piro* bezeichnet. Bei Megenberg steht: *die nach ihrem gesange so benannte gold- oder kirschdrossel, … wir haizen in ze däutsch pruoder piro nâch seiner stimm: wan er ruoft mit seiner stimm sam er sprech pruoder piro.* Umgangssprachlich fortgebildet wurde daraus u.a. *bierolf, birolt, bierholf, bierhold, bierheld, bierholer.*

In der Krünitzschen Enzyklopädie finden sich unter dem Stichwort Kirsch-Vogel weitere Hinweise: *eine Art Drosseln, welche nach dem Fleische der Kirschen sehr lüstern sind, ihr Nest an die Bäume hängen, und wegen ihrer Beschaffenheit, sonderbaren Stimme etc. verschiedene zum Theil seltsame Nahmen bekommen* haben: *Kirsch=Dieb, Kirsch=Drossel, gelbe Kirsch=Drossel, Kirschholder, Kirschholdt, Bieresel, Bierhohler, Bierholdt, Bierholf, Bierole, Bruder Berolf, Bruder Hultrof, Bülau, Bülaw (im Meklenburgischen), Bülow, Bülowvogel (in Pommern), weil man sich einbildet, daß seine Stimme diesen Nahmen ausrufe.*

Alfred Brehm listet weitere Synonyma für den Pirol *(Oriolus galbula* Naum.) auf: Gelbling, Goldamsel, Golddrossel, Gottesvogel, Pfingstvogel *(als er in der ersten Hälfte des Mai, bei uns eintrifft),* Pirreule, Regenkatze (siehe Legende), Schulz von Milo (auch: Schulz von Tharau, Schulz von Thierau), Weihrauch, Widewal.

Bei Ludwig Strackerjan finden wir in seinen Sagen weitere Namen für den Pirol: *Wigelwagel, Pingstvagel singt: Wi sünt rike Lüe; darauf antwortet das Weibchen: Schüt uk. (Münsterld.). Heißt auch Vizebohnenvogel, weil man mit dem Vizebohnenpflanzen bis zum Kommen des Vogels warten muß.*

Der Familienname derer von Bülow (einer ihrer bekanntesten Vertreter war Victor von Bülow, der den Namen des Vogels Bülow ins Französische übertrug und sich Loriot nannte) kommt vom Ort Bülow bei Rehna in Mecklenburg, heute ein Ortsteil von Königsfeld. Als Vogel Bülow wird im dortigen Sprachraum der Pirol oder die Goldamsel bezeichnet, der im Kopf des Familienwappens sitzt. Der Ortsname war ursprünglich slawisch.

Alfred Brehm schreibt über die Namensbildung: *Der lateinische und deutsche Name sind Klangbilder von ihr. Wir haben sie als Knaben einfach mit „Piripiriol" übersetzt: die norddeutschen Landleute aber übertragen sie durch „Pfingsten Bier hol'n; aussaufen, mehr hol'n", oder „Hest Du gesopen, so betahl och", und scheinen in Anerkennung der Bedeutung dieser Wahrsprüche an dem „Bieresel" ein ganz absonderliches Wohlgefallen zu haben.*

Der wissenschaftliche Gattungs- und Artname *Oriolus* kommt aus der lateinischen Sprache und ist vermutlich von *aurum* (= Gold) wegen des gelben Gefieders abgeleitet. Bei Johann Friedrich Naumann wird, wie auch schon bei Plinius, als Artname *galbula* (*galbinus* = grünlich-gelb) geführt.

Die Legende

Wie der Pirol zu dem Namen Regenkatze kam, erzählt ein Märchen aus Estland. Dort heißt er *wihma kass,* das ist die Regenkatze. Weil der liebe Gott vergessen hatte, Flüsse zu machen, war die Erde überall mit Wasser bedeckt. Also forderte er die Tiere auf, Flüsse anzulegen, damit das Wasser in geordneten Bahnen ablaufen kann. Alle machten mit, nur der Pirol hielt sich abseits, weil er seine schönen Federn nicht beschmutzen wollte.

„Wenn du dich nicht an der Arbeit beteiligen willst, dann soll sie dir auch keinen Nutzen bringen. Nur die Feuchtigkeit auf den Blättern der Bäume soll deine Zunge laben", sagte Gott. Und so geschah es. Wenn es regnet oder der Tau auf die Blätter fällt, singt der Pirol nicht. Ist es aber heiß und trocken, hört man ihn klagen: „Wibu, wibu, wibu!" Wibu heißt Wasser, um das der Dürstende bittet. So kam der Pirol zu dem Namen Regenkatze, denn auch die Katze scheut das Wasser.

Als Orakeltier kündigt der Pirol den Regen an. Er gilt als der späteste Sommerverkünder. Erscheint er, so bleibt es warm. Fliegt er gegen die Gebäude, so gibt es Blitzschlag (wohl wegen des gelben Gefieders).

Nach abergläubischen Vorstellungen lebt der Pirol nur in der Luft, wie bei Konrad von Megenberg steht. In Frankreich glaubte man, der Blick des Vogels würde die Gelbsucht hervorrufen. Höchst merkwürdig ist die bei Gesner nachzulesende Vorstellung, *daß seine jungen in 4 Teil zerteilt geboren werdend und von eltern mit dem kraut, Herba Julia genennet, widerumb zusamen gefügt werdend.*

In Sagen und Märchen erscheint der Pirol selten. Der aus Schwaben stammende Anton Birlinger weiß Folgendes zu berichten: Ein Knabe in Hertfeld habe eine Goldamsel in einem Baum gesehen. Er kletterte hinauf, um den Vogel zu fangen, blickte aber, oben angekommen, in die Fratze eines schwarzen Mannes. Vor Schreck stürzte er herab und brach sich ein Bein.

Arno Holz dichtet fröhlich „auß dem Grabe": *Du lebst und dir ist wohl/ dir pfeifft noch der Pirol. / Dir ferbt die bundte Au / noch Ambrosiner-Thau.*

Theodor Fontane schildert in „Die Müggelberge" eine Begegnung mit dem Pirol: *Ein Vogel, der in dem Zweigwerk der Fichte gesessen hatte, war aufgestiegen, und sein Geschrei von Zeit zu Zeit wiederholend, flog er jetzt dem dichteren Gehölz des Berges zu. Es war ein Pirol, der nordische Wundervogel. Sein gelbes Gefieder fing die letzten Strahlen der Abendsonne auf; dann stieg er in das unter ihm liegende Dunkel der Tannen nieder.*

Hermann Löns, der den Beinamen Heidedichter trägt, schreibt in „Mai": *Im goldnen Eichenwipfel flötet / Laut der Pirol, der uns begrüßt, / Die Anemone froh erötet…*

In Arno Holtz' „Erster Schultag" schildert er: *Jetzt, irgendwo in der Ferne, sang ein Vogel Bülow. Der ganze Wald roch nach Pilzen.*

Peter Altenberger beginnt seine Erzählung „Der Vogel Pirol" mit den Sätzen: *Noch ist es Nacht im Prater. Nun wird es grau. Eindringlich duften die Weiden und Birken, sanftölig. Der Vogel Pirol beginnt Réveille zu blasen, Réveille der Natur! In kurzen Absätzen bläst er Réveille. Gleichsam die Wirkung abwartend auf Schläfer.*

Rabe

Rabe (Corvus corax).

Das Tier

Raben und Krähen bilden die 42 Arten umfassende Gattung *Corvus* in der Familie Rabenvögel *(Corvidae)*. Die größeren werden Raben, die kleineren Krähen genannt, wobei die Unterscheidung keine biologischen Gründe hat. In Europa kommen der Kolkrabe *(Corvus corax)*, die Aaskrähe *(Corvus corone)*, die Saatkrähe *(Corvus frugilegus)* sowie die Dohle *(Corvus monedula)* vor.

Der Kolkrabe galt bis 1940 in weiten Teilen Mitteleuropas als ausgestorben. Mit einer Länge von 54 bis 67 und einer Flügelspannweite von 115 bis 130 Zentimetern ist er der größte europäische Rabenvogel. Von den in Eurasien mit sechs Unterarten verbreiteten Aaskrähen existieren in Europa die Rabenkrähe und die Nebelkrähe. Die schwarz-bläulich schimmernde Rabenkrähe wird ungefähr 47 Zentimeter lang. Die Nebelkrähe ist grau und hat schwarze Flügel sowie Schwanzfedern und einen schwarzen Kopf. Das Gefieder der kräftigen, etwa 46 Zentimeter großen Saatkrähe hat ein einheitlich metallisch glänzendes schwarzes Gefieder mit leicht rötlichem Glanz. Sie hat einen markanten Schnabel. In einigen europäischen Großstädten haben sich sehr große Überwinterungsgesellschaften gebildet. Die Dohle ist mit 33 bis 39 Zentimetern Größe und einer Spannweite von 67 Zentimetern eine der kleinsten Vertreterinnen der Gattung *Corvus*.

Der Name

Rabe und Krähe sind lautmalerisch gebildete Wörter. Das heisere Krächzen gab auch anderen indogermanischen Sprachen den Anlass zur Wortbildung. Wie das ahd. *chrâja*, mhd. *krâwe* gehen u.a. auch niederl. *kraai*, engl./dän/isl. *crow*, schwed. *kraka*, lat. *cornix*, griech. *korax*, frz. *corneille*, span. *cuervo* auf den Vogellaut zurück. *es beiszt kein krawe der andern die augen aus*, steht bei Agricola. Im Alemannischen heißt es: *die krei ist usgeflogen dem steinbock in sin land*. Auch Luther spricht von den Krei und Kra.

Eine weitere im 15./16. Jahrhundert gebräuchliche Form findet sich bei Waldis: *auf einem schaf da reit ein kro, / sie sang und war von herzen fro*. Im 18. Jahrhundert setzte sich Krähe allmählich durch.

Die Bezeichnung *Krähenfüße* für eine krakelige Schrift kennt man seit dem 16. Jahrhundert; die Übertragung auf Falten um die Augen ist seit dem 19. Jahrhundert gebräuchlich.

Für Rabe findet das Grimmsche Wörterbuch die folgende Erklärung: *gemeingermanisches wort von eigenthümlicher germanischer prägung, nur im gothischen nicht überliefert, aber als hrafns sicher zu vermuten; … daneben schwache form in rabo; mhd. raben, ram und nunmehr vorwiegend rabe, letzteres oberdeutsch auch in rappe übergehend.*

Der Gattungsname *Corvus* entspricht dem lateinischen Vogelnamen. Die einzelnen Beifügungen bedeuten: Kolkrabe – *C. corax* (griech. = Krähe), Aaskrähe – *C. corone* (lat. = das Gekrümmte), Saatkrähe – *C. frugilegus* (lat. = Früchte sammelnd), Dohle – *C. monedula* (lat. = Dohle).

Die Legende

Glaubt man den Legenden, muss der Rabe früher weiß gewesen sein. Aber weil er das göttliche Feuer stahl, verbrannte er sich das Gefieder und ist seither schwarz. Heimlich habe der Rabe aber noch eine weiße Feder versteckt. Wer die findet, wird über die Maßen glücklich.

In der griechischen Mythologie wird erzählt, dass ein weißer Rabe Apoll von der Untreue seiner geliebten Koronis (griech.: Krähe) berichtete, worauf den Boten der Zorn des Sonnengottes traf und er schwarz wurde.
Der alte Fruchtbarkeitsgott Kronos hielt eine Sichel in Form eines Krähenschnabels in der Hand, mit der er die Zeit abschnitt.

Athene hatte den Raben zum Lieblingsvogel gewählt. Mit dem germanischen Gott Wodan flogen der weiße Rabe Hugin und der schwarze Munin. Sie symbolisierten Denken und Gedächtnis. Auf den Schultern des Gottes sitzend, erzählten sie ihm von Vergangenem, Gegenwärtigem und Zukünftigem.

Raben galten auch als das Symbol der Sonne. Sie brachten das Feuer und damit die Erkenntnis ebenso wie die Schattenseiten des Lebens. Bei zahlreichen Völkern gilt der Rabe, der sich nach einer Schlacht auf den mit Toten übersäten Kampfstätten oder unter dem Galgen einfand, als Todesbote. Die Babylonier versahen ihren 13. Monat mit einem Raben.

Sind die Vögel einerseits mit vielen negativen Eigenschaften wie zum Beispiel mit Verrat, Diebstahl, Geschwätzigkeit, Eitelkeit oder Neid in Verbindung gebracht worden, wurden sie wegen ihrer partnerschaftlichen Treue verehrt. Die Behauptung aber, die Altvögel würden ihre Jungen aus dem Nest werfen, entbehrt jeder Grundlage. Im Gegenteil – Rabeneltern betreiben eine sehr intensive Brutpflege.

Bei Ludwig Strackerjan findet sich aber folgende Sage: *Wenn die jungen Raben aus dem Ei kommen, sehen sie weiß aus, deshalb erkennen die Alten sie nicht als ihre Jungen an und entfernen sich von ihnen. Neun Tage lang liegen sie blind und verlassen da; während dieser Zeit sorgt Gott für sie. Wenn sie ihre Farbe gewechselt haben, kommen die Alten wieder.*

Seit Jahrhunderten werden im Tower von London zahme, aber ebenso freche wie angriffslustige Raben gehalten. Das geht auf die Sage zurück, wonach Bran, der keltische Saturn, verfügt hat, dass sein abgeschlagener Kopf am Weißen Berg, wo sich heute der Tower befindet, begraben wird, um allen einfallenden Eroberern den Weg zu versperren. Zwar hat König Artus den Schädel wieder ausgraben lassen, weil er selbst das Land beschützen wollte, aber er hatte nicht den gewünschten Erfolg. Es blieb bei dem Brauch, die Vögel zur Sicherung der britischen Krone nach altem Brauch zu halten.

Das Sprichwort, eine Krähe hacke der anderen kein Auge aus, ist zwar negativ besetzt, meint aber eigentlich den Zusammenhalt des Paares und der ganzen Schar. Tatsächlich verfügen Krähen über eine erstaunlich hohe Intelligenz. Sie haben die Fähigkeit, Gegenstände als Werkzeuge einzusetzen. Oxforder Wissenschaftler haben zwei Raben verschiedene gebogene Drähte hingelegt, damit sie sich ihr Futter aus einer Röhre ziehen können, aber nur einer der Drähte war dazu geeignet. Als sich der eine Vogel den richtigen Draht nahm, bog sich der andere kurzerhand einen aus den verbliebenen zurecht und gelangte so ebenfalls an sein Futter.

Raben und Krähen, von denen man früher glaubte, der eine sei das männliche, der andere das weibliche Tier, spielen im Aberglauben und in der Volksmedizin vieler Völker eine Rolle. Hexen erscheinen oft als Raben oder werden von ihnen begleitet. Die Seelen böser Menschen erscheinen in Rabengestalt. Zauberer verwenden anstelle von Tinte Rabenblut. Bindet man das Herz eines Raben in Wolfsriemen, soll es, ähnlich wie das Hirn des Vogels, Liebe erregen. Rabengalle sei gut gegen Gicht und Impotenz. Etwas abstrus ist die Vorstellung, dass Rabeneier den Abortus durch den Mund hervorrufen. Schließlich kann man selbst weiße Raben machen, indem man die Eier mit Katzenfett bestreicht.

Angeblich kenne der Rabe einen Stein, durch den man unsichtbar wird. Man muss aus dem Nest eines hundertjährigen Rabenpaares einen höchstens sechs Wochen alten männlichen Vogel entnehmen und töten. Die Stelle muss man sich aber genau merken, denn wenn der alte Rabe zurückkommt, legt er einen Rabenstein in den Hals des toten Vogels. *Gleich darauf wird der Baum unsichtbar. nun muß man denselben abermals bis zum Horst des Raben ersteigen und den Stein aus dem Halse des jungen Raben nehmen.* So kann man sich vor den Augen anderer unsichtbar machen, berichtet Adalbert Kuhn in seinen Sagen aus Norddeutschland. Außerdem verstünde man die Sprache der Vögel, wenn man einen Rabenstein in den Mund nimmt. *Auf Rügen glaubt man, der Besitzer eines Rabensteins habe seine Seele dem Teufel verpfändet.*

Rebhuhn

Rebhuhn (Perdix perdix).

Das Tier

Die Rebhühner *(Perdix perdix)* gehören in die Ordnung der Hühnervögel *(Galliformes)*. Sie bewohnen Steppen- und Heidelandschaften unterhalb von 600 Metern in weiten Teilen Europas und Asiens. In Nordamerika wurden die Vögel zu Jagdzwecken eingebürgert. Sie besiedeln inzwischen insbesondere die nördlichen Prärien der USA und des südlichen Kanadas.

Die Nahrung besteht vor allem aus Sämereien, Wildkräutern und Getreidekörnern. Rebhühner sind von gedrungener Gestalt und haben kurze Beine, einen kurzen, runden Schwanz und kurze runde Flügel. Charakteristisch sind der orange-

Darstellung und Beschreibung eines Rebhuhns in Gesners „De avium natura" von 1555.

braune Kopf, der hellgraue Vorderkörper und die rotbraune Seitenbänderung. Im Frühjahr und Sommer trägt das Rebhuhn ein Prachtkleid, im Herbst und Winter ein Schlichtkleid. Das männliche Prachtkleid besteht aus einem orangefarbenen bis rotbraunen Gefieder an der Stirn, den Kopfseiten und am Kinn sowie in den Bereichen der Kehle. Männchen wie Weibchen erreichen eine Körperlänge von etwa 30 Zentimetern, eine Flügellänge von 14,6 bis 16 Zentimetern und eine Schwanzlänge von 7,2 bis 8,5 Zentimetern.

Weltweit gilt der Bestand der Feldhühner als gesichert, in Europa wird er aber mit gefährdet beschrieben, was auf die Zerstörung intakter Lebensräume durch die Umwandlung der Agrarlandschaft in flurbereinigte und intensiv mit Großmaschinen bewirtschaftete Flächen zurückgeführt wird. Daher wurde das Rebhuhn 1991 vom NABU zum Vogel des Jahres gewählt.

Die Krünitzsche Enzyklopädie liefert eine anschauliche Beschreibung der Lebensweise einer Rebhuhnfamilie: *Das alte Paar mit den Jungen, die ein Volk genannt wird, hält sich so lange beständig zusammen, bis sie entweder zerstreuet, oder tüchtig wird, sich selbst Paarweise fortzupflanzen. Diese Vögel sind an sich stark von Fleisch, aber arm an Federn. Sie sind äußerst scheu und wild; lassen sich aber doch, wenn sie in einem Volke beysammen liegen, so nahe* kommen, daß man sie treten möchte. *Der Hahn ist der erste, der mit einem starken Kakerkaker gerade in die Höhe steigt.* Diesem folgt das Volk augenblicklich mit eben solchem Geschrey und Lärm, daß man ordentlich erschrickt, wenn man vor sich hingeht, und keine Absicht hat, die Hühner aufzusuchen. *Der Hahn bewacht und beschützt seine Familie, so weit seine Kräfte reichen, mit unglaublicher Treue.* Oft hat man es gesehen, daß er langsam und mit schleppenden Flügeln fortgeflattert ist, um den Jäger und den Hund an sich zu locken, irre zu machen, von der Brut abzuziehen, und dieser Zeit zu lassen, sich durch schnelles Laufen in Sicherheit zu setzen. *Der Hahn ist auch gemeiniglich das erste Opfer, das der Jäger nimmt.*

Der Name

Der erste Teil des Namens geht auf ein heute nicht mehr existierendes germanisches Wort in der Bedeutung bunt gesprenkelt zurück; ahd. *rebhuon*, mhd. *rephuon*, und ist mit der slawischen Sippe (russ. *rjaboj*) verwandt. Weil die Bedeutung dieses Namensteils nicht mehr bekannt war, wurde es volksetymologisch an Rebe angelehnt, erklärt das Duden-Herkunftswörterbuch. Eine sprachliche Verwandtschaft besteht auch zu Erpel.

Unter dem allgemeinen Stichwort Rebhuhn listet das Grimmsche Wörterbuch neben Feldhuhn und Ackerhuhn noch weitere Namen auf, darunter: *perdix rephuon, repphuon, reppehuon, rebhuon, riphuon, rapphuon, rabhuon, raubhuon, rupf-, ropfhüenlein, rufhuhn* und verweist u.a. auf norweg. *raphöne*, schwed. *raphöna* und *raphöns*.

Eine andere Lesart des Namens bezieht sich auf die Stimme des Vogels. *perdix haiszt ain rephuon und hât den namen von seiner stimm*, steht bei Megenberg. Dazu würde auch die Herkunft des lateinischen Namens passen.

Der wissenschaftliche Gattungs- und Artname *Perdix perdix* ist lateinischen Ursprungs und bezeichnet allgemein verschiedene Feldhühner.

Früher bezeichnete man mit Rebhuhn mehrere aus einem Mörser abgefeuerte Granaten, die gleichzeitig explodierten, was mit dem Auseinanderlaufen eines Pulks Rebhühner verglichen wurde.

Die Legende

Rebhühner werden wegen ihres zarten, mürben und sehr wohlschmeckenden Fleisches auf die unterschiedlichste Weise gejagt, am erfolgreichsten wohl durch Netze, weil man damit eine ganze Gruppe auf einmal fangen kann und die Tiere nicht durch streuendes Schrot getötet werden. Aber nicht nur das saftige, fettarme Fleisch ist auf den Tafeln beliebt, *auch die Repphühnereyer, insonderheit das Gelbe, werden unter die kräftigsten und nahrhaftesten Speisen gerechnet, auch für große Herren auf verschiedene Weise zugerichtet.*

In alten Schriften liest man häufig, dass Rebhühner ein *trockenes Hirn* haben und sehr vergesslich wären, sodass sie sich nicht mehr erinnern können, wo sie ihre Eier abgelegt haben. Andererseits wird beschrieben, dass die Hennen ihre Küken verteidigen, indem sie einem vermeintlichen Angreifer entgegenlaufen, sich lahm oder sogar tot stellen, und sich lieber selbst opfern als den Nachwuchs zu gefährden.

In der Volksheilkunde gilt die Galle des Rebhuhns als Medizin gegen Augenleiden und Schwerhörigkeit. Der Rauch verbrennender Rebhuhnbeine solle gegen Gebärmutterbeschwerden helfen. Rebhuhneier stehen in dem Ruf, die Manneskraft und die Fruchtbarkeit der Frauen zu stärken. Gegen Zornesausbrüche ließ man die Wütenden angebrannte Federn riechen. *Sie haben den durchdringendsten Geruch, wenn sie angezündet werden, und man hat mit einer angebrannten Repphuhnsfeder, vor die Nase gehalten, hysterische Personen aus der tiefsten Ohnmacht erweckt*, behauptet Krünitz. Zudem wären Rebhuhnfedern *gut in Betten zu gebrauchen.*

Rebhühnern wird eine hohe sexuelle Reizbarkeit nachgesagt. Die Hennen würden in der Brunstzeit so hitzig, dass bereits der Ruf oder der Geruch eines Hahnes dazu führe, dass sie befruchtet würden, behauptet Konrad von Megenberg. Angeblich hätten die Menschen sogar den Zungenkuss durch Beobachtung des Liebesspiels von den Ackerhühnern gelernt.

Der Kirchenlehrer Ambrosius zeiht die Rebhühner des Betruges und der Arglist. Sie würden fremder Vögel Eier stehlen und ausbrüten. Die Küken folgten aber dem Ruf ihrer wahren Eltern. So fänden die Menschen zum wahren Glauben, indem sie der Stimme Gottes folgten.

Ludwig Bechstein erzählt in seinem Märchen „Das Rebhuhn", wie ein reicher Jude ausgerechnet von dem Mann ermordet wird, den ihm der König als Geleit mitgegeben hatte. Ein Rebhuhn beobachtete die böse Tat. Kurze Zeit später saß der Mörder an des Königs Tafel, wo er dem Wein reichlich zusprach. Der König wollte wissen: *„Worüber hast du gelacht unlängst, da du mir die Rebhühner auftrugst, denn du hast mich damals nicht mit wahren Worten berichtet!"* In seiner Trunkenheit prahlte der Mörder: *„Ei, mein Herr König, als der Jude schrie, die Vögel würden seinen heimlichen Mord offenbaren, die unter dem Himmel fliegen, da flog eben ein Rebhuhn in die Höhe, dessen musste ich gedenken und darüber lachen."* Am folgenden Tag wurde der Mörder an den Galgen gebracht.

Reiher

Graureiher (Ardea cinerea).

Das Tier

Der Grau- oder Fischreiher *(Ardea cinerea)* gehört in die Ordnung der Schreitvögel *(Ciconiiformes)*. Er ist in Europa, Asien und Afrika weit verbreitet. Weltweit werden vier Unterarten unterschieden. In Mitteleuropa ist er mit der Nominatform *Ardea cinera cinera* vertreten. Er erreicht eine Körperlänge von fast einem Meter und ein Gewicht zwischen einem bis wenig über zwei Kilogramm. Die Flügelspannweite misst zwischen 175 und 195 Zentimeter. Die Männchen sind nur wenig größer als die Weibchen. Der Graureiher ist in Eurasien die am weitesten verbreitete Reiherart. In Europa betrug die Brutpopulation zu Beginn des 21. Jahrhunderts zwischen 210.000 und 290.000 Brutpaare.

Sein Federkleid ist auf Stirn und Oberkopf weiß, am Hals grauweiß und auf dem Rücken aschgrau mit weißen Bändern. Kennzeichnend sind schwarze Augenstreifen und drei lange schwarze Schopffedern. Der lange Pinzettenschnabel ist gelblich. Drei weit auseinander gespreizte Vorderzehen am Stelzenbein verhindern das Einsinken in den weichen Untergrund. Die Bürzeldrüse ist verkümmert, dafür besitzt er Puderfedern an der Brust und in den Leisten. Die Puderdunen wachsen ständig nach und fallen auch nicht während der Mauser aus.

Abhängig vom Verbreitungsgebiet sind Graureiher Kurzstreckenzieher, Teilzieher oder Standvögel. Die britischen und irischen Brutvögel sind größtenteils Standvögel. Die anderen europäischen Graureiher ziehen im Winterhalbjahr ab September gewöhnlich in süd-südwestliche Richtung und kommen Ende Februar, Anfang März zurück. Eine der längsten bisher nachgewiesenen Zugstrecken war die eines schwedischen Graureihers, der in Sierra Leone wiedergefunden wurde und damit 5.865 Kilometer zurückgelegt hatte.

Der Abflug beginnt häufig mit einigen Sprüngen. Reiher fliegen mit sehr langsamen Flügelschlägen. Der Kopf wird bis auf die Schultern zurückgezogen, der Hals s-förmig gekrümmt. Während des Fluges ist regelmäßig ein lautes, raues *chräik* zu hören.

Graureiher suchen ihre Nahrung mit gesenktem Kopf und gekrümmtem Hals, langbeinig durch das seichte Wasser watend. In der Regel sind sie Einzelgänger, die ihr Nahrungsterritorium mitunter bis zum Tod des Gegners verteidigen. Sie stechen blitzschnell nach kleineren Fischen, Fröschen, Molchen, Schlangen, Wasserinsekten und sogar Wasserratten, die sie im Ganzen verschlingen. Auf Wiesen wartet der Graureiher stocksteif stehend auf Feldmäuse und verzehrt gelegentlich auch Eier und Jungvögel.

Der Name

Der Name Reiher bedeutet ursprünglich Krächzer, heiserer Schreier. Das Wort ist lautmalerisch nach einer indog. Wurzel gebildet. Das ahd. *reigaro, heigaro,* mhd. *reiger, heiger,* findet sich auch in anderen indogermanischen Sprachen wieder, zum Beispiel niederl. *reiger,* altengl. *hragra,* schwed. *häger*. Eine Nebenform *heigel,* wie *reigel* neben *reiger,* lässt sich aus dem späteren mundartlichen *aigel* erschließen. *hier sieht man hoch empor den stoltzen reiger nisten,* steht bei Opitz.

Bei Goethe findet sich *ein reiger flog auf.* Die mit *r* anlautenden Formen gehen auf ältere mit *hr* zurück. Die alte Wurzel ist auch in russ. *krik* (Schrei) zu erkennen.

Laut Grimmschem Wörterbuch tritt das Wort Reiher erst um 1500 an die Stelle des älteren *reier, das schon in den altmd. Darmstädter glossen zu Heinrici summarium belegt ist.*

Das vulgäre Verb reihern für erbrechen bezieht sich auf die dünnen Kotausscheidungen des Vogels. Eine andere Erklärung findet sich in der Art und Weise, wie der Reiher die Nahrung für seinen Nachwuchs zubereitet, indem er die reichlich gefangenen Fische am Ufer wieder auswürgt und sie alle mit dem Schwanz nach innen ausrichtend einen Kreis bildet, wenn man Robert von Ranke-Graves glauben kann.

Der wissenschaftliche Gattungsname *Ardea* entspricht dem lateinischen Namen des Vogels. Die lateinische Beifügung *cinerea* (aschgrau) bezieht sich auf die graue Färbung des Gefieders.

Die Legende

Wenn der Nil weite Teile Ägyptens überschwemmte, verließen die Reiher in großer Menge das Land. Sie kehrten zurück, wenn das Wasser wieder fiel. So wurde der Vogel mit der Vorstellung von Erneuerung in Verbindung gebracht und verehrt. Und da er sich in den frühen Morgenstunden in die Lüfte erhob, symbolisierte er auch – ähnlich dem Phönix – die Selbstverbrennung und Wiederauferstehung.

Plinius schreibt, im Schmerz vergösse der Reiher Tränen. Christliche Ikonografie interpretierte das als Gleichnis auf den reuigen Sünder und verglich den Schlangen fressenden Vogel mit dem im Garten Getsemane trauernden Christus. Auf einer Darstellung im Chorgestühl des Klosters Altsassen hält ein Reiher einem Zweifler die Nase zu, was bedeuten soll, er möge innehalten und seine Denkweise ändern.

Das scheinbar gravitätische Schreiten des Vogels wird in der Literatur häufig als Vergleich für Ernsthaftigkeit, Geduld, Besonnenheit und Feinfühligkeit genommen. Im „Physiologus" lesen wir vom *Vogel eridos*, der kein Aas frisst und nicht hektisch umherläuft. Bei Musäus findet sich allerdings in der „Libussa" die weniger schmeichelhafte Charakterisierung: *Der hirnarme Reiher.*

In der chinesischen Kunst wird der Reiher oft im Zusammenspiel mit Weiden, dem Baum der Göttin des Mondes und der Herrscherin über die Quellen, dargestellt. Den Israeliten gilt er als unrein. Im 3. Buch Mose steht: *Und dies sollt ihr scheuen unter den Vögeln, daß ihr's nicht esset: ... Den Storch, den Reiher, den Heher mit seiner Art, den Wiedehopf und die Schwalbe.*

In abergläubischen Vorstellungen kann der Reiher sich selbst vor dem bösen Blick mit einem Krebs schützen. In der Volksmedizin gilt Reiherfett als probates Mittel gegen Blindheit, Taubheit, Lähmung und zur Förderung des Stuhlgangs. Letzteres wohl wegen des dünnen Kots, den der Vogel absetzt, weshalb der Volksmund auch den groben Begriff kennt: er scheißt wie ein Reiher. Eine alte Wetterregel lautet: *Wenn der Reiher sitzt traurig am Bach, so ist der Regen nahe.*

Das Fleisch des gehäuteten Vogels wurde als sehr schmackhaft und gesund *gegen podagrische Schmerzen* gepriesen.

Früher galt der Reiher als ein gefragtes Wildbret. Er wurde häufig mit einem Falken gejagt. Das beschreibt Zedler in seiner Enzyklopädie sehr bildlich. Der Jäger lässt den Falken aufsteigen, wenn er eines Reihers ansichtig wird. *So bald nun der Reiger den ... Falcken gewahr wird, steigt er in unsägliche Höhe auf, der Vogel aber, wenn er ihn stoßen will, noch höher, und also ist es sehr lustig anzusehen, wie immer ein Vogel vor dem andern in der Höhe seyn will. Dieses währet so lange, biß endlich der Vogel über den Reiger kömmt und ihm etliche Stösse anbringen kan, daß der Reiger aus der Luft herabfallen muß.* Dem Falkner ist bei erfolgreicher Jagd nicht nur eine *ordentliche Besoldung* und ein *gutes Trinckgeld* sicher, er darf sich auch *mit den schönen Federn und der Krone auf dem Haupte* schmücken und *für einen König gehalten* werden. Die Fischer mischten das Fett unter die Köder, die sie in die Reusen legten.

Über die Nachteile von Stolz und Ehrgeiz heißt es: *Der Reiher fängt keine Fische als die oben schwimmen.* Man solle auch nicht glauben, Weisheit und Geschicklichkeit allein zu besitzen, andere Leute sind auch nicht auf den Kopf gefallen. Deshalb sagt man: *Der Reiher hat nicht allein lange Beine.*

Rohrdommel

Rohrdommel (Botaurus stellaris).

Das Tier

Rohrdommeln *(Botaurus stellaris)* gehören in die Familie der Reiher *(Ardeidae)*. Man unterscheidet die Unterarten *Botaurus stellaris stellaris* und *Botaurus stellaris capensis* (auch Große Rohrdommel genannt).

Rohrdommeln werden 70 bis 80 Zentimeter groß, wobei die bis 1.150 Gramm wiegenden Weibchen etwas kleiner sind als die bis zu 1.940 Gramm schweren und stärker gezeichneten Männchen. Die in Ostasien lebenden Rohrdommeln sind auffälliger gezeichnet und wurden deshalb lange Zeit als Unterart eingestuft. Dank ihrer in braun gehaltenen Zeichnung sind die ohnehin scheuen Tiere im Altschilf kaum zu erkennen. Außerdem passen sie sich ihrer Umgebung bei Gefahr mit der sogenannten Pfahlstellung an, indem sie sich mit steil nach oben gerichtetem Kopf und Schnabel wie das sie umgebende Schilf bewegen.

Die dumpfen Balzrufe der Männchen sind über mehrere Kilometer weit zu hören. Es klingt, als ob man auf einer leeren Bierflasche bläst.

Die Unterart *Botaurus stellaris stellaris* ist in Großbritannien über Schweden, Finnland, Deutschland, Litauen, Italien, im europäischen Russland bis in den Norden von Marokko und Algerien beheimatet, kommt aber auch von Albanien bis Japan sowie Nord- und Südkorea vor. Die Unterart *Botaurus stellaris capensis* ist in Südafrika zu Hause.

Die meist nachtaktiven Vögel leben in weitläufigen Verlandungszonen von Seen, Altwässern und Teichen mit ausgedehnten Schilf- und Röhrichtbeständen, wo sie ihre Nester bauen und Schutz finden. Sie verlassen ihr angestammtes Gebiet, wenn das Wasser gefriert oder sie wandern in etwas wärmere Regionen ab. Die meisten Populationen in England und den Niederlanden sind überwiegend Standvögel. Ihr Nahrungs- und Brutareal verteidigen sie vor allem während der Brutzeit und Aufzucht der Jungvögel energisch.

Aufgrund der Zerstörung von Schilfbeständen, durch ausgedehnte Freizeiteinrichtungen an den Ufern oder durch Entwässerung sind die Bestände stark gefährdet. Außerdem können in strengen Wintern einzelne Populationen ausgelöscht werden. Die Rohrdommel steht in Deutschland auf der Roten Liste der vom Aussterben bedrohten Arten.

Der Name

Der erste Teil des Vogelnamens Rohrdommel bezieht sich auf den Lebensraum der Tiere.

Der zweite Teil -dommel, ahd. *roredumbil,* mhd. *rortumel,* ist lautmalend nach dem unverwechselbaren Balzruf der männlichen Vögel gebildet. Bei Goethe erscheint der Vogelname gelegentlich auch nur als Dommel.

Das Grimmsche Wörterbuch gibt u.a. an: *ahd. gilt horatûpil, hortûbil, horitûbil, hortûbel, horodûbil, hortumil, horodumil, horotumbil, mit beziehung auf ahd. horo, hor, koth, schlamm, auch horotûhhil, horitûchil, horodûchil, horothuchil, mit ausdeutung des letzten compositionstheiles auf tûhhil, den tauchervogel.*

Von Martin Luther verwandte Formen sind: *die rordomel; ich bin gleich wie ein rhordomel in der wüsten; rhordomeln und igel.*

Andere Namen für die Rohrdommel, die sich auf den Paarungsruf der männlichen Vögel zurückführen lassen, sind nach Krünitz: Erdbil, Erdbull, Hartyhel, Kropfvogel, Lorrind, Losrid, Meerrind, Moorochse, Mooskrähe, Moosriegel, Mosreiher, Muspel, Pickart, Riedochse, Rohrbrüller, Rohrdump, Rohrpampe, Rohrreiher, Rortrum, Roßreigel, Urrind, Wasserochs. Und er erläutert: *Lorrind und Urrind ist ohne Zweifel von löhren, schreien, abgeleitet, so auch Kropfvogel, weil er den Kropf im Schreien ausdehnt; Pickart wird er genannt, weil er Menschen und Vieh nach den Augen pickt. Im Niedersächsischen heißt er Iprump und Ikrum, als eine Nachahmung seiner Stimme.*

Im Mittelalter war man der Ansicht – nachzulesen in Konrad Gesners Vogelbuch von 1555 –, dass die Rohrdommeln ihren Kopf in den Sumpf stecken und ein Gebrüll von sich geben, als wären sie Ochsen.

Der Gattungsname *Botaurus* ist nach lat. *Bos taurus* (taurischer Ochse), dem Namen der Wildrindform, wegen der lautlichen Ähnlichkeit zu dessem Gebrüll gebildet. Die Beifügung *stellaris* bedeutet sternförmig und meint die Pfahlstellung des Vogels im Rohr bei Gefahr. Die Anfügung *capensis* verweist auf die am Kap von Südafrika lebende Unterart.

Die Krünitzsche Enzyklopädie erklärt den Namen so: *Der Name asterias oder stellaris, welcher der Rohrdommel von den Alten gegeben wird, kömmt nach Scaliger von ihrem Fluge her, weil sie sich gerade in die Höhe gen Himmel schwingt und sich unter dem gestirnten Gewölbe zu verlieren scheint; andere suchen die Entstehung dieses Namens in den Flecken, womit ihr Gefieder besäet ist, zu finden; noch andere glauben, daß sie diesen Namen verdiene, weil sie oft lange mit aufgerichtetem Kopfe und Schnabel gleichsam nach den Sternen kucke.*

Die Legende

In dem Roman „Der Hund von Baskerville" von Arthur Conan Doyle wird erzählt, dass Dr. Watson und Mr. Stapleton einen höchst merkwürdigen

Schrei aus dem Moor vernehmen. Da der Naturforscher Stapleton nicht an den viel beschworenen Geisterhund glaubt, kombiniert er, dass es sich eindeutig um eine Rohrdommel handeln muss.

Ludwig Strackerjan schreibt über den Ruf der Rohrdommel, plattdeutsch *Rahrdum oder Iprump, Gütvoagel (Oythe)*, dass er Unglück bedeutet.

Karl Bartsch erzählt in der Geschichte „Rohrdommel und Wiedehopf", wie sie ähnlich auch bei den Brüdern Grimm erscheint, auf welche Art die beiden Vögel zu ihren Namen gekommen sind: *Der Rohrdommel und der Wiedehopf waren einst Kuhhirten. Jener hütete seine Heerde auf fetter Wiese, wo die Kühe prächtig gediehen; dieser auf hohem dürrem Berge, da blieben die Kühe sehr mager. Wie es nun Abend wurde, wollten die Hirten nach Hause treiben; aber die Kühe des Rohrdommels liefen davon, vergebens rief er „Bunt, herüm" (bunte Kuh, herum). Der Wiedehopf konnte die seinigen nicht auf die Beine bringen; umsonst schrie er „Up! up! up!" Sie schrien Tag und Nacht, bis ihnen der Atem ausging und noch nach ihrem Tode schreien sie als Vögel so.*

An anderer Stelle zitiert Bartsch die alte Bauernregel: *Kollert die Rohrdommel zeitig / Werden die Schnitter nicht streitig*. Darauf bezieht sich auch Goethe in „Sankt-Rochus Fest zu Bingen": *Wenn die Rohrdommel zeitig gehört wird, so hofft man eine gute Ernte*. Der Satz findet sich später bei Heinrich Pröhle wieder.

Joseph von Eichendorff bemüht den Vergleich: *Ich aber saß wie eine Rohrdommel im Schilfe eines einsamen Weihers*.

Johann Heinrich Voß dichtete in „Heureigen": *Die Lerche singt aus blauer Luft, / Die Grasemück' im Klee, / Und dumpf dazu als Brummbaß ruft / Rohrdommel fern am See*.

Der Ruf der Rohrdommel wurde unterschiedlich und gegensätzlich gedeutet. Nach der einen Überzeugung würde er Unglück und Regen bringen, nach der anderen versprach er ein fruchtbares Jahr.

In der Volksmedizin verwendete man das Blut gegen die Gicht. Ansonsten war der Vogel mit allerhand Aberglaube belegt. So hieß es, die Rohrdommel würde Aale verschlingen, was schon an der Tatsache scheitern müsste, dass das Opfertier weitaus größer ist als der angebliche Fressfeind. Aberglaube folgt eben einer anderen Logik.

Das Fleisch der Rohrdommel, besonders das der Flügel und der Brust, galt einst als Delikatesse. Man musste allerdings die Haut abziehen, *deren kleine Gefäße mit einem scharfen und übelschmeckenden Öl angefüllt sind, welches sich durch das Kochen dem Fleische mittheilt, und ihm dann einen starken Sumpfgeschmack giebt*, beschreibt Krünitz.

Schwalben

Schwalben (Hirundinidae).

Das Tier

Die Schwalben *(Hirundinidae)* sind eine 75 Arten umfassende Familie in der Ordnung der Sperlingsvögel *(Passeriformes)*, Unterordnung Singvögel *(Passeres)*. Sie haben einen stromlinienförmigen Körper und lange, schmale Flügel. Der Schnabel ist kurz. Der Rachen kann weit geöffnet werden, um die Insekten im Flug erbeuten zu können. Viele Arten haben lange Schwänze. Schwalben sind Zugvögel.

Seeschwalben gehören nicht in diese Ordnung, sondern zu den Watt- und Möwenvögeln.

Die in unseren Breiten bekannteste Art ist die Rauchschwalbe *(Hirundo rustica)*. Sie wird etwa 19 bis 22 Zentimeter lang, wovon zwei bis sieben Zentimeter auf die Schwanzspieße entfallen. Die Flügelspannweite beträgt 32 bis 34,5 Zentimeter. Männchen sind etwas leichter als die Weibchen, die zwischen 16 und 23,7 Gramm wiegen.

Die besonders schlanke Rauchschwalbe hat einen charakteristischen, tief gegabelten, langen Schwanz. Der Rücken ist blau-schwarz gefärbt und glänzt metallisch, während die Unterseite rahmweiß ist. Deutlich erkennbar ist die schwarz umrahmte kastanienbraune Kehle.

Zur Familie der Schwalben, die in Mitteleuropa als Brutvögel vorkommen, zählen auch die Mehlschwalbe *(Delichon urbicum),* die Uferschwalbe *(Riparia riparia)* und die Felsenschwalbe *(Ptyonoprogne rupestris).* Lorenz Oken schreibt: *von allen diesen arten beschäftigt die in der nähe menschlicher behausungen lebende die beobachtung des volkes. sie nistet auf thürmen, hochragenden gebäuden, aber auch in traulicher, unmittelbarer nähe an den wohnungen: der schwalm liebet den menschen seer, also, dasz er gern bey jm herberg hat.*

Der Name

Für den altgermanischen, im Gotischen nicht bezeugten Vogelnamen Schwalbe, ahd. *swal(a)wa,* mhd. *swalwe, swalbe,* gibt es keinen exakten Herkunftsnachweis. Die Formen tauchen allerdings auch in engl. *swallow,* schwed. *svala,* niedrl. *zwaluw* auf.

Mit Bezug auf den gegabelten, langen Schwanz des Vogels tragen auch ein Schmetterling und seit dem 18. Jahrhundert eine bestimmte Holzverbindung diese Bezeichnung. Seit dem 19. Jahrhundert wird der Frack scherzhaft Schwalbenschwanz genannt (engl. *swallow-tail).*

Schwalben werden auch, bestimmten Bauernregeln folgend, Muttergottesvögel genannt: *Am Tage von Maria Geburt fliegen die Schwalben furt.* (8. September), *Marienverkündigung kommen sie wiederum* (25. März)

Das lat. Wort *Hirundo* bedeutet Schwalbe, *Hirundo rustica* (ländlich, zum Land gehörig) ist die Rauchschwalbe, deren erster Namensteil sich auf ihre Färbung bezieht. Die wissenschaftliche Bezeichnung der Mehlschwalbe bedeutet: *Delichon* – Anagramm des griechischen Wortes *chelidon* für Schwalbe, *urbicum* – zur Stadt (lat. *urbs*) gehörig; die Uferschwalbe *Riparia riparia* – *ripa* ist das Ufer; Felsenschwalbe – *Ptyonoprogne rupestris* – griech. *ptyein* für spucken, *rupestris* – felsig (lat. *rupes* – der Felsen).

Die Legende

Der griechische Fabeldichter Äsop erzählt in seiner Fabel „Der verschwenderische Jüngling und die Schwalbe" von einem Bruder Leichtfuß, der sein Hab und Gut bis auf einen Mantel bedenkenlos durchgebracht hatte. Als er der ersten Schwalbe ansichtig wurde, versetzte er auch den, weil er meinte, nun würde es Sommer und er brauchte ihn nicht mehr. Aber die Schwalbe war zu früh heimgekehrt, der Frost kam zurück und die Schwalbe erfror. Der Bursche hatte allerdings keinen Mantel mehr und musste nun sehen, wie er mit der Kälte leben könne. Das ist der Hintergrund für die häufig gebrauchte Redewendung *eine Schwalbe macht noch keinen Sommer*, wenn wir sagen wollen, dass eine bestimmte Sache oder Angelegenheit noch lange nicht in dem Zustand ist, in dem sie sein sollte. Die Zeit ist noch nicht reif, Besserung noch lange nicht erreicht.

In einer anderen Fabel erzählt Äsop, dass die Vögel in einer Versammlung beschlossen, die Hanfsamen zu fressen, damit die Menschen am Ende aus der Pflanze keine Stricke für die Fangnetze machen können. Nur die Schwalbe widersprach, weil sie die Freundschaft zu den Menschen höher schätzte. Als ihr Rat keine Zustimmung fand, verließ sie ihre Waldgenossen, flog in die Stadt und vertilgt seither dort die schädlichen Insekten. Die Menschen erkannten ihre Nützlichkeit und ließen sie ungestört ihr Nest an den Häusern bauen.

Mit der Schwalbe verbinden sich zahlreiche Redensarten und Sprüche. Man sagt, am Haus nistende Schwalben bringen Frieden und schützen das Haus vor Blitz: *dört wo d'schwalme niste, ziet der husfrieden*. Wer die Vögel vertreibt, schwöre Unheil herauf, wer sie tötet, verursacht vier Wochen Regen. *man fröuwt sich gmeinlich jr zukunfft, und hat sy gern zu herberg, also, dasz man es für ein übel hat, so einer jr nest zerschleitzt und umbkert*, zitiert Grimm.

Wenn man eine Schwalbe aus dem Haus verjagt, geben die Kühe rote Milch. Auch wenn sie unter einer Kuh hindurchfliegt, färbt sich die Milch blutrot. Dann muss man die Kuh auf einen Kreuzweg führen, dreimal durch einen Ast melken und ihr die rote Milch dreimal über den Kopf schütten.

Bauen Schwalben ihre Nester in einem Kuhstall, stirbt das Vieh nicht. Meiden sie ein Haus, leben mit Sicherheit böse Menschen in ihm.

Dass tief fliegende Schwalben Regen ankündigen, ist allerdings kein Aberglaube. Vor dem Regen herrscht Tiefdruck, da fliegen die Insekten, die Nahrung der Schwalben, dicht am Boden.

Über einen muffeligen Menschen, der den Hut nicht beim Grüßen zieht und auch sonst keine Anstalten macht, Höflichkeit mit Höflichkeit zu erwidern, sagte man, er habe *eine Schwalbe unter dem Hut*.

Von einer mit deutlicher Absicht entblößten Frau heißt es in den Niederlanden: *Het is eene naakte zwaluw.* Vielleicht lässt sich so die Bezeichnung *Bordsteinschwalbe* erklären. *vrouwe swalewe, ir sît untugentlîch*, heißt es in einem von Grimm zitierten Minnelied.

Etwas jüngeren Datums ist der Spruch: *Wenn sich auch eine Schwalbe auf den Draht setzt, die Nachricht geht fort.*

Das Christentum deutete die germanische Vorstellung um, wonach die Schwalbe der Großen Mutter zugeordnet war, und setzte sie an die Seite der Gottesmutter Maria, weil die Vögel am Tag Maria Verkündigung (25. März) wieder bei uns ankommen und am Tag Mariae Geburt (8. September) in den Süden fliegen. Ihre jährliche Wiederkehr prädestinierte die Schwalbe als Sinnbild für Licht, Auferstehung und Erneuerung.

Am 17. März, dem Tag der heiligen Gertrud, fliegen die Schwalben, so eine andere Interpretation, von ihrem Winteraufenthalt fort und in ihre heimatlichen Gefilde zurück. *Gertrud flügt de Swölke ût, da maut de Bûern med de Plauge rut.* Eine ähnliche Bauernregel lautet: *An Gregor (12. März) kommt die Schwalbe über Meeresport, an Benedict (21. März) sucht sie im Haus ein Ort, an Bartholomä (24. August) zieht sie mit Gott wieder fort.*

Schwalben waren auch die Lieblingsvögel der nie alternden, nordischen Göttin Iduna. Wenn Thor die Winterriesen besiegt hatte, kehrte sie in dieser Gestalt nach Walhalla zurück. In vielen Gegenden Deutschlands sowie in Oberitalien werden sie als Muttergottesvögel verehrt. In den Niederlanden zählt man sie sogar zu den geheiligten Seevögeln.

Schwalben genießen bei nahezu allen Völkern der Erde hohes Ansehen. Allerdings gibt es auch gegenteilige Belege. Die nordamerikanischen Indianer hielten sie für Gauner, die immer das Gegenteil von dem taten, was sie eigentlich versprochen hatten. Ambivalent ist das Verhältnis der Japaner zu dem Vogel, den sie einerseits als Sinnbild häuslichen Friedens verehren, dem sie aber andererseits Treulosigkeit vorhalten.

Das Zwitschern der Schwalben wurde nach Grimm so gedeutet: *klicke wie ick, klicke datt't hölt* (beim Bauen des Nestes). Oder: *mutter müsst denn jung'n kittel flick'n, kittel flick'n, mit witten, mit swarten, mit swarten zwirn.* Wenn sie aus dem Süden zurückkehrten, sollte ihr Gezwitscher bedeuten: *ass ick wegtôg, wegtôg hâr ick all's noch; ass ick wedderkamm, wedderkamm, wass et fleit'n gaon; un dao hêt et, hêt et: -fritt nettelkôl un schît, schît schnur!* Oder: *ass ick wegtôg, ass ick wegtôg, waorn all d' kisten un kasten vull; ass ick wedderkamm, ass ich wedderkamm, waor allens ût, wenn't, we'nnt jümm man nich belu-rrt.*

Wenngleich es heißt, man dürfe Schwalben nicht töten, finden sich in alten Schriften Anwendungen ihrer Innereien und des Fleisches gegen Krankheiten und als Glücksbringer. Drei Schwalbenherzen und der rechte Flügel eines Wiedehopfes verleihen dem Schützen Treffsicherheit. Mit Schwalbenfleisch kann man Schlangenbisse heilen. Schwalbengalle ist ein probates Enthaarungsmittel. Und natürlich wirken Schwalbenherzen nicht nur gegen Fieber, sondern helfen auch der Liebe auf die Sprünge.

Schwan

Schwäne (Cygnini).

Das Tier

Die Schwäne *(Cygnini)* gehören zu den Entenvögeln *(Anatidae)* und werden innerhalb dieser Familie den Gänsen *(Anserinae)* zugerechnet. Ihr Federkleid ist meistens rein weiß, aber auch schwarz und weiß, oder – wie die Trauerschwäne *(Cygnus atratus)* – vollkommen schwarz. Sie haben einen deutlich längeren Hals als die Gänse. Die Flügelspannweite kann bis zu 240 Zentimeter erreichen.

Der Höckerschwan *(Cygnus olor)* ist in Mitteleuropa weit verbreitet. Man findet ihn auf Seen, Park- und Fischteichen, auf Flüssen und in seichten Meeresbuchten. In der Regel wiegen ausgewachsene Männchen zwischen 10,6 und 13,5 Kilogramm, maximal sind für Männchen 14,3 Kilogramm nachgewiesen worden. Das Körpergewicht der Weibchen bleibt erheblich darunter und beträgt selten mehr als zehn Kilogramm. Schwäne sind die größten heimischen Wasservögel und gehören zu den schwersten flugfähigen Vögeln der Welt.

Höckerschwäne können ein Alter von 16 bis zu 20 Jahren erreichen. Ein 2009 nahe der dänischen Hafenstadt Korsør gefundener Höckerschwan trug einen Ring mit der Kennung „Helgoland 112851" (angebracht am 21. Februar 1970 in Heikendorf an der Kieler Förde). Er war also 40 Jahre alt geworden.

Erwachsene Vögel tragen ein weißes Gefieder. Wegen seines orangerot gefärbten Schnabels und des schwarzen Schnabelhöckers kann er leicht von anderen Arten unterschieden werden. Außerdem tragen sie ihren Hals häufig s-förmig gebogen. Die Füße und Beine sind bei beiden Geschlechtern schwarz, die Augen haselnussfarben. Die Flügel sind oft segelartig gelüftet. Während der Mauser sind sie für sechs bis acht Wochen flugunfähig.

Das Gefieder der Dunenküken ist hell silbergrau mit einer weißen Unterseite. Jungvögel tragen ein dumpf graubraunes Federkleid, das im Laufe von zwei Jahren bis nach der zweiten Vollmauser immer heller wird.

Um sich in die Luft zu erheben und fliegen zu können, benötigen die Schwäne eine lange Anlaufphase. Ihr Flügelschlag ist langsam und kraftvoll. Das rhythmische Fluggeräusch ist weithin zu hören.

Der vor allem in der osteuropäischen und sibirischen Taiga und in der Tundra vorkommende Singschwan *(Cygnus cygnus)* ist etwas kleiner als der Höckerschwan und hat einen geraderen, weniger geschwungenen Hals. Im Herbst und Winter sind diese Schwäne auch in Mitteleuropa zu beobachten. Sie kehren ab März in ihre Brutgebiete zurück. Ihr Gefieder ist reinweiß, der Schnabel schwarz.

Die abhängig von der Jahreszeit tag- und nachtaktiven Singschwäne sind außerhalb der Brutzeit sehr gesellig. Ihre Winterquartiere entlang der Küsten und großen Seen Nordeurasiens beziehen die guten und ausdauernden Flieger ab Oktober. Ihren Namen verdanken sie ihrem umfangreichen und wohlklingenden Stimmenrepertoire.

Der Trauerschwan *(Cygnus atratus)* oder Schwarzschwan ist der einzige fast völlig schwarze Schwan. Er hat den längsten Hals aller Schwäne. Sein natürliches Verbreitungsgebiet ist Australien und Tasmanien, in Neuseeland ist der Trauerschwan eingebürgert. In Europa kommen ausschließlich ausgesetzte und verwilderte Trauerschwäne vor. Sie verfügen über 31 Halswirbel und können dadurch auch in tieferen Gewässern gründeln.

Die in Südamerika beheimateten Schwarzhalsschwäne *(Cygnus melanocoryphus)* werden in unseren Breiten seit über hundert Jahren von Liebhabern gezüchtet, sind aber nicht weit verbreitet. Ihre Zucht ist schon aus klimatischen Gründen problematisch.

Der Zwergschwan *(Cygnus columbianus)* ähnelt eher einer Gans als einem Schwan. Er ist ein Brutvogel der arktischen Tundra.

Der Name

Der altgermanische Vogelname Schwan, ahd./mhd. *swan,* niedrl. *zwaan,* engl. *swan,* schwed. *svan,* wird von altengl. *swinn* (Musik, Gesang) abgeleitet und geht auf die indog. Wurzel *svénô* (tönen, schallen) zurück, dem das in sanskr. *svánati,* lat. *sonere, sonare,* altir. *sennaim* (ich spiele auf der Harfe) zugrundeliegt. Diese Bezeichnung dürfte ursprünglich für den Singschwan gegolten haben.

Das vermutlich seit dem 16. Jahrhundert gebrauchte Verb schwanen für ahnen existiert nur in der deutschen Sprache. Ein Zusammenhang mit Schwan ist denkbar, aber nicht sicher nachgewiesen. Das Grimmsche Wörterbuch bietet als Erklärung an: *nach der gewöhnlichen annahme von schwan abgeleitet, wol mit recht; man musz sich dabei erinnern, dasz der schwan der vogel der nornen und walküren ist und dasz weissagende frauen oft in schwanengestalt erscheinen.*

Möglicherweise handelt es sich um einen *humanistischen Sprachscherz,* gibt das Duden-Herkunftswörterbuch zu bedenken, *der lat. olet mihi „ich rieche, vermute etwas" mit lat. olor „Schwan" verbindet.*

Bei dem Verweis auf Leda und den als Schwan erscheinenden Zeus dürfte es sich um eine nachgereichte, aber sprachwissenschaftlich nicht haltbare Konstruktion handeln, obwohl ein sinngemäßer Zusammenhang durchaus besteht. Allerdings: Leda ahnte nichts. In einem Gedicht Höldys heißt es: *frau Leda wuszte nicht wie ihr dabey geschah, / und sah dem schwan, von dem sie nichts besorgte, / und seinem scherz in unschuldvoller ruh, / nicht ohne lust, mit süssem wunder zu.*

Das Grimmsche Wörterbuch erinnert daneben an die heute nicht mehr gebräuchliche germanische Bezeichnung, *die von der weiszen farbe ausgeht und ursprünglich wol die allgemeine war, mit dem slavischen gemeinsam: aletiz (zu lat. albus), erhalten in altn. álpt, álft.*

Der wissenschaftliche Gattungsname *Cygnus* ist die latinisierte Form des griech. *kyknos* (= Schwan). Die verschiedenen Artbezeichnungen bedeuten: *olor* – lat. für Schwan, *atratus* – schwarz gekleidet, *melanocoryphus* – schwarzhalsig, *columbianus* – in Kolumbien vorkommend.

Die Legende

Der stolze Schwan – schon diese vielgebrauchte Verbindung hebt ihn besonders hervor – spielt in der Mythologie der Völker, in der Sagenwelt und in der Literatur eine herausragende Rolle.

Zweifellos eines der schönsten und romantischsten Märchen von Hans Christian Andersen ist das vom hässlichen Entlein, von allen verlacht und verspottet wegen seines grauen, struppigen Gefieders und des unbeholfen wirkenden Ganges, das sich im Sinne des Wortes zu einem strahlend weißen, schönen Schwan mauserte, den alle liebten.

Erste Illustration zu Hans Christian Andersens Märchen von Vilhelm Pedersen.

Die Fabeln und Mythen reichen weit in die Geschichte der Menschheit zurück. Nemesis, Tochter der Nacht, wehrte sich gegen die Zudringlichkeiten des Göttervaters und floh über Wasser und Land. Er verwandelte sich in einen schönen Schwan, überwältigte und vergewaltigte sie. Nemesis gebar Helena. Eine spätere Variante ersetzte Nemesis durch Leda. Aus Sentimentalität setzte Zeus den Schwan als Sternbild an den Himmel.

Laut Aristoteles würden die Schwäne vor ihrem Tode noch einmal singen. Konrad von Würzburg dichtete darum: *man seit uns allen daz der swan / singe swenne er sterben sol.*

Allerdings gehört das ins Reich der Mythen. Johannes Colerus schreibt dazu in seinem „Hausbuch": *o hab ich auch selber, weil es allhier auff der Spreu (Spree) .. sehr viel zahme schwanen hat, fleissige nachforschung gehabt, bey den leuten, die zu ihrer wartung verordnet seyn, und kan keiner sagen, dasz er jemals einen schwanen vor seinem end hätte singen hören.* Es bleibt also eine schöne Sage.

Ein Schwan soll Apoll nach dem mythischen Ort Hypobereas und von da nach Delphi begleitet haben. Starb einer seiner Artgenossen, stimmte er ein traurig-schönes Lied an. Daraus entstand der Begriff Schwanengesang, der auf die gesamte Gattung übertragen wurde. Deshalb sagt man auch über das letzte Werk eines Dichters, es sei sein Schwanengesang. Das Christentum interpretierte den Begriff als das Martyrium und Entsagung. Häufig werden Schwäne auf Urnen als Bringende und Holende dargestellt.

Als der Reformator Jan Hus 1415 auf dem Scheiterhaufen verbrannt wurde, soll er vorher gesagt haben: *Heute bratet ihr eine Gans, aber aus der Asche wird ein Schwan entstehen.* Hus ist das tschechische Wort für Gans.

Im Mittelalter gehörte der Schwan zu den bejagten Vögeln. Sein Fleisch war allerdings nicht besonders schmackhaft und außerdem schwer verdaulich. In der Bibel (3. Mose 11, 17) lesen wir: *und dis solt jr schewen unter den vogeln, das jrs nicht esset, den adler ... den schwan.*

Specht

Das Tier

Die artenreiche Familie der Spechte *(Picidae)* gehört in die Ordnung der Spechtvögel *(Piciformes)*. Sie haben einen starken Meißelschnabel, der fast so lang wie der Kopf ist. Der Kopf verfügt über eine federnde Verbindung zwischen Schnabel und Schädel, um die Erschütterungen abzumildern, die beim Abklopfen der Bäume entstehen. Die weit vorstreckbare hornige Zunge hat kurze Widerhaken. Brehm schreibt: *Dank dieser außerordentlichen Beweglichkeit und Schmiegsamkeit der Zunge ist der Specht im Stande, auch kreuz und quer verlaufenden Gängen eines holzzerstörenden Kerbthieres zu folgen und dasselbe an das Tageslicht oder in seinen Magen zu befördern. Gerade hierdurch erweist er sich als ein Waldhüter ersten Ranges.*

Bei den Echten Spechten *(Picinae)* – zu dieser Unterfamilie gehören mit Ausnahme des Wendehalses *(Jynx torquilla)* alle europäischen Spechtarten – hat der Schwanz keilförmige, steife spitze Steuerfedern. Damit und mit seinen kräftigen Krallen kann sich der Vogel beim Klettern gut abstützen.

Spechte sind überall auf der Welt zu finden, wo es reichlich Bäume gibt, ausgenommen Australien, Neuguinea, Neuseeland, Madagaskar sowie die pazifischen Inseln. Der in Mitteleuropa häufigste Vertreter ist der Buntspecht, gefolgt von Schwarzspecht und Grünspecht.

Um Insekten unter der Rinde zu finden oder eine Nisthöhle zu schaffen, klopfen („meißeln" und „trommeln") sie

Buntspecht
(Dendrocopos major)
unten: Schwarzspecht
(Dryocopus martius).

Seite 148:
Grünspecht (Picus viridis).

unermüdlich Baumstämme ab und zerspanen das Holz. Ein Specht kann bis zu 20 Schläge pro Sekunde mit einer Aufprallgeschwindigkeit von etwa 25 km/h ausführen.

Der Grünspecht *(P. viridis)* ernährt sich hauptsächlich von Ameisen und deren Puppen, die er am Boden sucht. Der Schwarzspecht *(D. martius)* löst oft große Rindenflächen ab, um an darunter lebende Insekten zu gelangen. Im Spätherbst und Winter plündert er, auch gemeinsam mit anderen Spechtarten, selbst tief gefrorene Ameisennester.

Der Name

Der Vogelname Specht ist eine Fortbildung von ahd. *speht,* mhd. *spech* und verwandt mit lat. *picus* (= Specht). Entsprechende Ableitungen findet man im aisl. *spettr* oder schwed. *hackspett* (= Hackspecht), dän. *spæt,* norw. *spetta.* Bei Luther gibt es auch die Form *speicht.*

Johann Georg Wachter vermutet einen *etymologischen zusammenhang mit spaehen,* denn Tacitus schrieb, dass die Germanen aus Vogelflug und Vogelstimmen weissagten. Das Grimmsche Wörterbuch meldet Zweifel an und verweist auf lat. *pingere* (= malen) bzw. *pictus* (= bunt).

Der latinisierte Gattungsname *Dryocopus* setzt sich zusammen aus griech. *drys* (= Baum, Eiche) und *koptein* (= klopfen), bedeutet also Baumklopfer.

Die Beifügungen für den Grünspecht *viridis* bedeuten grün, für den Buntspecht *major* größer und die für den Schwarzspecht *martius* bezieht sich auf den griechischen Kriegsgott Mars.

Die Legende

Der Specht, unabhängig von artunterscheidenden Merkmalen, spielt in vielen mythologischen Vorstellungen und volkstümlichen Legenden eine besondere Rolle. Die Römer verehrten ihn als Gott Picus, dem sie Feld und Wald zuordneten. Er verfüge über weissagerische Fähigkeiten, wohl weil sie ihn in Verbindung mit der Eiche sahen, dem Baum der Weisheit.

Ovid erzählt in den „Metamorphosen" von der Titanentochter Kirke (Circe), die Picus aus Wut und Enttäuschung, weil er ihre Liebe nicht erwidern wollte, verhexte: *Dreimal rühret ihr Stab, mit drei Bannworten, den Jüngling. / Jener entflieht; doch er wundert sich selbst, daß er hurtiger jetzo / Laufe, wie sonst; und bemerkt um den ganzen Leib das Gefieder. / Sich so geschwind, als Vogel, das Volk der latinischen Wälder / Mehren zu sehn, unwillig, durchbohrt er mit hackendem Schnabel / Wildernde Stämm', und ver-*

wundet im Zorn die erhabenen Äste. / Gleich dem Purpurgewand erglühn die gepurpurten Flügel! / Wo die Spange zuvor das Gewand mit Golde geheftet, / Wächst nun Flaum, und den Nacken umläuft ein goldener Halsring. / Nichts mehr bleibt von Picus dem pickenden Specht, denn der Name.

Schon in den Vorstellungen der Griechen gehörte der Specht zu Zeus und Mars. Letzterer galt als das Prinzip der Antriebskräfte, der Erneuerung und des Wachstums, der durchaus auch Gewalt anwendete, um seinen Willen durchzusetzen.

Die Germanen schrieben dem Specht die Eigenschaften eines Hüters und Wächters des Waldes zu und brachten ihn wegen seines steten Klopfens in Verbindung mit Thors Hammer. Ganze Waldstriche erklärten sie für heilig, woran der Name Spessart (eigentlich Spechtshart) noch heute erinnert.

Wer syn zung vnd syn mundt behüt
Der schyrmt vor angst / sel / vnd gemüt
Eyn specht sin jung mit gschrey verriet

aus: Sebastian Brant „Das Narrenschiff".

Als Hüter des Waldes wusste der Specht, wo Schätze verborgen lagen. Man müsse ihm nur die Springwurz abjagen, um an den Reichtum zu gelangen, wie Musäus in „Der Schatzgräber" erzählt oder Heinrich Heine in „Waldeinsamkeit" dichtet: *Sie haben mir auch den Pfiff gelehrt, / Wie man den Vogel Specht betört / Und ihm die Springwurz abgewinnt, / Die anzeigt, wo Schätze verborgen sind.*

Ludwig Strackerjan hat beschrieben, wie man Schlösser aller Art mühelos öffnen kann, indem man dem Schwarzspecht die Springwurzel entwendet. Man müsse nur das mit Jungen besetzte Nestloch mit einem Holzpflock verstopfen, *so holt er eine Springwurzel, um das Loch zu öffnen (...) In dem Augenblicke (...) springt man hervor und breitet ein rotes Tuch unter dem Neste aus. Alsdann läßt der Specht in der Meinung, das sei Feuer, die Wurzel fallen, denn eine Springwurzel ist auch gut, um Feuer auszumachen. Nun läuft man rasch hin und holt die Wurzel.*

Sperber

Sperber (Accipiter nisus).

Das Tier

Der Sperber *(Accipiter nisus)* ist ein Greifvogel aus der Familie der Habichtartigen *(Accipitridae)*. Die Waldbewohner (Gesner: *die sperber nistend auff den tannen*) ernähren sich überwiegend von kleinen und mittelgroßen Vögeln. Sie brüten inzwischen auch in den städtischen Grünanlagen Europas. 1950 wurden die Bestände durch den Einsatz von Insektiziden stark dezimiert. Sie haben sich aber wieder erholt.

Sperber haben kurze Flügel, während der Schwanz verhältnismäßig lang ist. Damit ist der Vogel zwar kein schneller, aber ein außerordentlich wendiger Flieger. Die für die Jagd auf Kleinvögel spezialisierten Beine sind lang und dünn.

Erwachsene Sperbermännchen sind auf der Oberseite graublau gefärbt, wogegen die Unterseite weiß und fein quer gebändert ist. Die gegenüber den Männchen fast doppelt so großen Weibchen sind weniger farbenprächtig. Ihre Oberseite ist graubraun. Während die Flügellänge der Weibchen im Durchschnitt 23 Zentimeter beträgt, liegt die der Männchen nur bei 20 Zentimetern. Sperbermännchen erreichen lediglich etwa 60 Prozent des Gewichts der Weibchen.

Die Verbreitung des Sperbers auf der nördlichen Halbkugel reicht von den Kanarischen Inseln und Irland nach Osten bis zur russischen Halbinsel Kamtschatka und Japan.

In den letzten Jahrzehnten ist der Greifvogel immer öfter in menschlichen Siedlungsgebieten zu finden. Er bewohnt vor allem Parks, Friedhöfe und ähnliche Grünanlagen in vielen Städten Europas.

Der Name

Das deutsche Wort Sperber, ahd. *sparwāri*, mhd. *sparwære*, niederl. *sperwer*, engl. *sparrow-hawk* (Sperlingshabicht), ist eine Verkürzung von Sperlingsaar (ahd. *sparo* – Sperling, *aro* – Adler), denn seine Hauptbeute sind Sperlinge und Finken. In Österreich kennt man die Form Sparber, im Niederdeutschen Sparwer. Im ahd. existierte auch die Form *speruuere*. Als Lehnwort findet es sich im Romanischen: ital. *sparaviere, sparviere*, katalan. *esparver*, provenz. *esparvier* oder franz. *épervier*.

Die noch in der Jägersprache gebräuchliche Form *Sprinze* neben Sperber bezeichnete ursprünglich nur den weiblichen Vogel. Das mhd. Verb *sprinzen* bedeutete mit Bezug auf die mit kleinen hellen Punkten durchsetzte Färbung des Federkleides *sprenkeln*.

Bei Hohberg findet sich der Hinweis: *sperber und sprintzen. diese beede sind einerley art der raubvögel, aber zweierlei geschlechts, die sperber sind das weiblein, und die sprintzel, so etwas kleiner, das männlein.*

Das Wort Sperber wird auch in anderer Bedeutung gebraucht. So nennt man einen Verband bei Nasenverletzung Sperber (auch Habicht). Auf dem Bau kennt oder kannte man ein Gerät, auf dem Sparkalk zu den Maurern transportiert wurde. *rauf mit dem mertel! stein her! ziegln her! wo sind die sperber und merteltrager? rufen die maurer,* steht bei dem barocken Rhetoriker und Prediger Christoph Selhamer. In der Artillerie bezeichnete Sperber ein Geschütz bestimmten Kalibers, worauf Ernst Moritz Arndt im „Lied der Feuermusikanten" anspielt: *Der Vögel und Flieger habt ihr gnug, / sie fliegen gar geschwinde, .../ der Singerinnen feurig Heer / und Falken und Sperber noch viel mehr.*

Der wissenschaftliche Gattungsname *Accipiter* ist lateinischen Ursprungs, abgeleitet von *accipere* (= zugreifen), und meint den mit seinen scharfen Krallen die Beute fassenden Sperber.

Die lateinische Beifügung *nisus* bedeutet sich stemmend. Nisus (griech. *Nisos*) wird bei Homer in der „Ilias" als einer der besten Speerwerfer beschrieben, der seinen getöteten Freund Euryalus im Zweikampf furchtbar rächte.

Die Legende

Der Sperber ist einer der beliebtesten Beizvögel. *dieser vogel ist so muthig und greiffet alles frölich an, was man ihm nur zeiget: wird auch seinem herrn nichts versagen, denn er im flug schnell, im fangen geschickt, im wiederkehren willig ist ... und hat wegen seiner sonderbaren tugenden dis privilegium: wan ein falckenverkäuffer seinen sperber darbey hat, dasz die andern alle zollfrey sind.*

Der Sperber gehörte nicht zum jagdbaren Wild. In der Bibel (3. Mose) wird er unter die unreinen Tiere gezählt. Für die mittelalterliche Beizjagd wurde er aber schon sehr früh und mit großem Erfolg eingesetzt. Seine Wertschätzung drückt sich auch in Gesetzen und Verordnungen aus: *Wer es wagte, einen solchen Vogel zu stehlen oder zu schlagen, der musste Strafe zahlen,* steht bei Krünitz. *si quis spervarium furaverit sunt denarii CXX, qui faciunt solidos III.* – immerhin 120 Denar oder drei Pfennige.

Besonders beliebt war der Vogel aber nur bei den Jagenden. Raubvögel bewundert man nicht unbedingt, vor allem, wenn man sieht, wie sie ihr Opfer zerreißen. *Die vertrackten Sperber zumal plagen nicht nur von Mitte April bis spät in den Herbst mit ihrem Zetergeschrei meine Ohren, sondern, was noch weit ärger ist, verjagen mir die lieben Singvögelchen,* moniert Ulrich Bräker in der „Lebensgeschichte des Armen Mannes im Tockenburg".

Der Dichter Johann Wilhelm Ludwig Gleim beschreibt in einem Gedicht, wie ein Sperber eine Lerche schlägt.

> *Da schoss mit schlagendem Gefieder,*
> *Aus seinem Busch hervor ein Sperber, ein Tyrann;*
> *Und grausam sie verzehrend sprach er: „Hören*
> *Konnt ich sie länger nicht; ich musste sie verzehren.*
> *Weil ich wie sie nicht singen kann.*

Unter den Sagen über den heiligen Adalbert, der von preußischen Heiden gemeuchelt und zerstückelt wurde, findet sich die wunderbare Entdeckung seines abgetrennten Fingers, den ein Sperber mitgenommen und über dem Meer abgeworfen hatte. Ein Hecht fing ihn auf und verschluckte ihn, worauf er seltsam leuchtete. Er ging Fischern ins Netz, die den Finger unversehrt in seinem Bauch fanden. Weil sie Christen waren, erkannten sie, dass er einem heiligen Mann gehören musste. Als sie am Ufer suchten, hatten sich die Leichenteile auf wunderbare Weise wieder zusammengetan. Nur der Finger fehlte noch, den der Sperber davongetragen hatte. Nun war der Körper des Heiligen wieder beisammen, den ein Adler 30 Tage bewachte.

In zahlreichen Sprichwörtern wird die Jagdleidenschaft des Sperbers zitiert. *Wenn der Sperber schreit, fliegt die Schwalbe fort.* Oder: *Die Sperber haben von jeher Tauben gefressen.* In der Türkei sagt man: *Ein Sperber kann nicht ohne Fleisch leben.* In Dänemark kennt man das Sprichwort: *Hver mand haver ikke høg paa haand* (Es hat nicht jeder einen Sperber auf der Hand.) Und man weiß: *ein eile heckt keinen sperber.* Dazu passt: *Aus Gimpeln Sperber machen, gehört nicht zu den leichten Sachen.* In Frankreich weiß man, dass sich Dummheit nicht in ihr Gegenteil verwandeln lässt und dass aus einem Bussard kein Sperber wird: *On ne saurait faire d'une buse un épervier.*

In einer alten Fabel wird erzählt, wie Adler und Sperber miteinander wetteifern, wer wohl am besten sehen könne. Beide steigen hoch in die Lüfte. *„Siehst du die Körner dort ausgestreut tief unten auf der Heide?"* fragte der Aar seinen Begleiter. – *„In der Entfernung willst du die Körner sehen?"* fragte spottend der Sperber. Der Adler antwortete nicht, stieß in die Tiefe zu den Körnern – und übersah das Fangnetz, in dem er sich unheilvoll verstrickte. *„Was hilft der schärfste Blick",* sagte der Sperber da, *„wenn man blind ist gegen die Gefahren, die uns mit Verderben bedrohen!"*

Sperberfleisch gilt in der Volksmedizin vor allem im Riesengebirge als Mittel gegen die Abzehrung *(Kachexie)*. Sperberkot als Pulver soll die Geburt fördern und die Nachgeburt austreiben.

Sperling

Sperling (Passer domesticus).

Das Tier

Die Sperlinge *(Passeridae)* gehören zu den Singvögeln. Es werden elf Gattungen mit etwa 48 Arten zu dieser Familie gerechnet. Sie sind vor allem in Eurasien, am stärksten aber in Afrika, verbreitet. Einige Vertreter dieser Gattung wurden in anderen Kontinenten eingeführt. So gelangte der Haussperling durch europäische Siedler nach Nordamerika. Auch in Australien und Neuseeland ist der Haussperling mittlerweile weit verbreitet.

In Mitteleuropa sind die Haussperlinge *(Passer domesticus)*, auch Spatzen genannt, und die Feldsperlinge *(Passer montanus)* am häufigsten vertreten. In Südeuropa kennt man den Weidensperling *(Passer hispaniolensis)*, in den Hochlagen der Alpen den Schneefink *(Montifringilla nivalis)*. Der Graukopfsperling *(Pyrgitopsis grisea)* ist der häufigste Vertreter der Sperlinge in Afrika.

Der Haussperling war in Deutschland 2002 Vogel des Jahres. Der kräftige, etwas gedrungen wirkende Singvogel wiegt ungefähr 30 Gramm. Mit etwa 16 Zentimeter Größe übertrifft er den nahe verwandten Feldsperling. Seine Flügel erreichen eine Länge von sieben bis acht Zentimeter, deren Spannweite beträgt etwa 23 Zentimeter. Die männlichen Tiere sind mit ihrer schwarzen oder dunkelgrauen Kehle und einem schwarzen Brustlatz deutlich kontrastreicher gezeichnet als die weiblichen. Der bleigraue Scheitel wird vom Auge bis in den Nacken von einem kastanienbraunen Feld begrenzt. Brust und Bauch sind aschgrau. Häufig ist das Gefieder infolge von Verschmutzung weniger kontrastreich.

Die Weibchen tragen ein mattes, aber fein gezeichnetes Braun. Jungvögel, die noch einige Tage bei den Eltern bleiben, nachdem sie flügge geworden sind, ähneln den Weibchen.

Die jährliche Vollmauser der Altvögel fällt in die Monate Juli bis August. Um sich vor Federparasiten zu schützen, „baden" die Tiere im Staub, was ihnen den Namen Dreckspatz eingebracht hat.

Der nur vom Männchen vorgetragene Gesang des Haussperlings besteht aus einem wenig abwechslungsreichen, lauten, einsilbigen Tschilpen. Haussperlinge können die Alarmrufe von Staren und Amseln kopieren.

Die in Europa beheimateten ortstreuen Haussperlinge sind fast ausschließlich Standvögel. Siedlungen in Gebieten, die nur zeitweise bewohnt werden (z.B. in den Alpen), werden im Spätherbst oder Winter von den Haussperlingen verlassen.

Die durchschnittliche Lebenserwartung geschlechtsreifer Haussperlinge beträgt etwa zehn Jahre.

Der Name

Der deutsche Vogelname Sperling, ahd. *sperili*, mhd. *sperlink, sparlink*, bezeichnete ursprünglich als Verkleinerungsform (-ling) nur den jungen Vogel, der erwachsene wurde *spare*, ahd. *sparo, spare*, mhd. *sparrow* genannt. Nahe verwandt damit ist das griech. Wort *sparasion*, womit ein sperlingsartiger Vogel bezeichnet wurde, und griech. *spergoulos* (= kleiner Vogel). Im Altpreußischen sagte man *spurglis*, spätahd. *sperch*.

Das Anderswort zu Sperling ist das seit dem Mittelhochdeutschen bekannte Wort Spatz, eine Deminutivbildung zu dem Stammwort, got. *sparwa*, ahd. *sparo*, von Sperling. Im 15. Jahrhundert erscheint *speczel, -elin*.

Halsband-, Stein-, Haus- und Feldsperling (Passer hispaniolensis, Petronia stulta, Passer domesticus und montanus) in Alfred Brehms Tierleben

Der wissenschaftliche Name *Passer domesticus* ist leicht übersetzt mit zum Haus gehöriger Sperling, *montanus* bedeutet bergbewohnend.

Die Legende

Da Sperlinge eng mit unserer Zivilisation verbunden sind, werden sie in zahlreicher Verbindung genannt, wofür u.a. eine Unzahl an Sprichwörtern und Redewendungen spricht wie: *Lieber den Spatz in der Hand als die Taube auf dem Dach*, wenn Sicherheit Vorrang hat. Dazu gibt es als Pendant: *Besser ein Sperling in der Hand, als ein Rebhuhn im Strauche*. Oder: *Tausend Kraniche in der Luft sind nicht so viel wert als ein Sperling in der Hand*. In der Lutherischen Variante heißt es: *es ist ein sperling besser in der hand den ein gansz auff dem zaun*. Wenn es um einen unsinnigen Aufwand geht, sagt man: *Mit Kanonen auf Spatzen schießen*. Wohl weil der Vogel so klein ist, traute man ihm nur ein *Spatzenhirn* zu, aber ein anderes Sprichwort sagt: *Drei sind schwer zu betrügen: ein alter Fuchs, ein alter Sperling und ein alter Bauer*. Etwas gröber kommen „Westermann's Monatshefte" (Nr. 74) daher: *Ich will den Gestank auf Erden nicht vermehren, sagte der Sperling, und schiss in den Bach*. In Westfalen, wo man den Vogel als Lülling kennt, heißt es über einen struppigen Kerl: *So glatt äs en kämmet Lüling*.

Schon in der Antike wurde dem Vogel ein ausschweifendes Sexualleben nachgesagt. Spatzenhirn galt im Mittelalter als Aphrodisiakum. Mit der heute harmlosen Bezeichnung Sperlingsgasse meinte man einst jene Straßen und Viertel, in denen sich Freier mit käuflichen „Damen" trafen.

Friedrich von Hagedorn dichtete: *die kleine nachtigall / scherzt mit dem wiederhall: / ein sperling liebt und küsst.*

Nicht umsonst wurden Sperlinge der schönen Aphrodite zugeordnet. An sie gerichtet, dichtete Franz Grillparzer: *Du bespanntest den schimmernden Wagen, / Und deiner Sperlinge fröhliches Paar, / Munter schwingend die schwärzlichen Flügel, / Trug dich vom Himmel zur Erde herab.*

In Sapphos Gedicht „Verschmähte Liebe" geht eine Strophe so: *Im geschirrten Wagen; dich fuhr der schöne / Schnelle Sperlingszug um die weite Erde, / Dich die Flügel schwingend, vom Himmel mitten / Hin in dem Aether.*

Wieland schrieb im „Goldenen Spiegel": *stark verlangend nach liebesgenusz gilt er als ein wollüstiger vogel: er beeiferte sich auch der gröszte esser, der gröszte trinker, und der gröszte held in einer andern art von leibesübung zu seyn, worin er mit verdrusz den sperling und den maulwurf für seine meister erkennen muszte.*

Im Alltag wird dem kleinen Vogel – die Isländer sagen: *Klein wie ein Sperling,* wenn sie etwas Unbedeutendes meinen – viel Unrecht getan, indem man ihn einen Dreckspatz nennt, der frech ist und lästig. Allerdings empfanden deutsche Einwanderer in Amerika, dass ihnen etwas fehlte, wenn nicht ein Pulk Sperlinge aufflog. Also beschlossen sie, mit ihnen auch ein Stück Heimat in die Neue Welt zu bringen. Die fatale Folge war, dass die Vögel sich schnell vermehrten und bald zu einer richtigen Landplage wurden. Um ihrer Herr zu werden, gab es Abschussprämien, die mittels zusammengebundener Vogelbeine eingefordert werden konnten.

In der Bergpredigt heißt es von den Sperlingen, dass sie so gering sind, dass man sie für einen Pfennig kaufen könne. Andererseits pflegte man zum Beispiel im Harz, ihnen ein Büschel Korn von der Ernte zu lassen. In Schlesien fütterte man sie am Heiligen Abend hinter der Scheune; denn standen die Sperlinge gut im Futter, durfte man mit einer reichen Ernte rechnen.

Es wurde auch gern gesehen, wenn sie sich in der Nähe von Haus und Hof aufhielten, weil man sich davon Glück und Reichtum versprach. Setzte sich ein Sperling ans Fenster, kündigte das in Posen einen Brief an. Flogen sie am Fenster vorbei, würde bald ein Sohn geboren. Kam ein Sperling aber in die Wohnung geflattert, bedeutete das eine schlechte Nachricht. Plusterte er sich auf, musste mit Regen gerechnet werden.

Star

Star (Sturnus vulgaris).

Das Tier

Die Stare *(Sturnidae)* sind eine artenreiche Vogelfamilie, die zu den Sperlingsvögeln *(Passeriformes)* gehörten. Der Star *(Sturnus vulgaris)* ist in Eurasien der am weitesten verbreitete und häufigste Vertreter der 27 Gattungen und 120 Arten umfassenden Familie. Er zählt aufgrund zahlreicher Einbürgerungen auf anderen Kontinenten zu einem der häufigsten Vögel der Welt.

Die etwa 19 bis 22 Zentimeter großen Singvögel haben kräftige Füße. Ihr schwarzes, mit grünen oder purpurfarbenen Punkten durchsetztes Gefieder glänzt metallisch. Der Schwanz ist deutlich kürzer als der der Amsel. Männliche Stare wiegen im Durchschnitt 81, Weibchen 76 Gramm. Die geselligen Tiere bauen ihre Nester in Hohlräume.

Stare sind Zugvögel, die sich im Herbst zu riesigen Schwärmen versammeln, bevor sie ihre Reise in wärmere Regionen antreten.

Der weithin hörbare Gesang wird das ganze Jahr über meist von einem hohen, möglichst solitären Platz vorgetragen. Stare „spotten" gern, indem sie andere Tierstimmen und Laute imitieren. Häufig werden Rufe von Wachtel, Mäusebussard oder Kiebitz nachgeahmt, aber auch Hundegebell, das Geräusch von Rasenmähern, selbst Klingeltöne von Mobiltelefonen gehören inzwischen zu ihrem Repertoire. Vor allem Jungvögeln kann man ganze Arien vorpfeifen, die sie dann nachpfeifen, aber auch wieder schnell vergessen. Ihre Lernfähigkeit übertrifft die anderer Vögel bei weitem. Im „Historischen Rosengarten" von Matthias Hammer steht: *keysers Claudii söhne, hatten ein star und nachtigall, die konten lateinische und griechische wörter herschwatzen.*

Starenschwärme, die leicht aus über einer Million Individuen bestehen können, richten in Weinbergen, Olivenhainen und Kirschplantagen mitunter große Schäden an. Der Versuch, besonders in den Jahren 1950 bis 1980, die Vögel mit Kontakt- und Nervengiften oder Dynamit zu bekämpfen, hatte nur mäßigen Erfolg, obwohl mehrere Millionen Tiere dabei getötet wurden. Der einzige halbwegs sichere Schutz sind große Netze, die über die Plantagen gespannt werden.

Der Name

Der Vogelname Star ist vermutlich eine lautmalerische Nachbildung des Vogelrufes. Das Duden-Herkunftswörterbuch sieht eine Verwandtschaft zu niederl. *stern* (= Seeschwalbe) und lat. *sturnus* (= Star). Die Bezeichnung Star für eine Augenkrankheit hat allerdings andere Wurzeln und könnte mit *starr blicken* zusammenhängen.

Das Grimmsche Wörterbuch kennt noch die Schreibweise Staar und verweist auf das ahd. *staro*, mnd. *stâr; sowie englisch mundartlich stare, starn, allgemein dafür die weiterbildung starling*. Zu Bedenken gegeben wird auch eine Herkunft von *str, streuen, wegen des gesprenkelten gefieders*.

Konrad von Megenberg schreibt: *staaren oder sprauwen seyn auch sehr wol bekandt*. Bei Lonicerus findet sich: *der staar, oder rinderstaar, so auch sprehe genennt wirdt, der ist vast so grosz als ein amsel, gespregelet, und yederman bekannt*.

Der wissenschaftliche Name *Sturnus* entspricht der lateinischen Bezeichnung des Vogels, die Beifügung *vulgaris* bedeutet gewöhnlich.

Die Legende

Bis weit ins 19. Jahrhundert hinein wurden Stare in Mitteleuropa gern in der Wohnung frei gehalten. Aber manchmal landeten die Vögel auch im Kochtopf. Damit wurde in der Oberpfalz der Aberglaube verbunden, dass Kinder, *so sie denn Starherzen essen, klug und gelehrig* würden, wie es der Vogel ist.

Über den Star als Haustier werden sich amüsante Geschichten erzählt, wie die vom Kantor aus Jüterbog, die 1878 in verschiedenen Zeitungen stand. Des Kantors Star hatte die Fähigkeit, nicht nur einzelne Wörter, sondern ganze Sätze nachzusprechen, die er bei allen passenden und unpassenden Gelegenheiten fallen ließ. Der Kantor hatte die Gewohnheit, bei allen denkbaren Anlässen seinem Unmut Luft zu machen mit dem Satz: *„Das ist ja eine verdammte Wirtschaft!"* Es dauerte nicht lange, und der

Vogel hatte den Satz intus. Der Kantor machte sich einen Spaß daraus, seinem Hausgenossen vorzusprechen: „Ich bin der Kantor von Jüterbog, und das ist meine Frau." Auch diesen Satz beherrschte der Vogel schnell. Eines Tages hatte der Star aber das Bedürfnis, mehr von der Welt zu sehen als nur des Kantors karge Stube, also nutzte er eine Gelegenheit und flog, sehr zum Leidwesen seines Herrn, davon. Jedoch, er ging bald mit zahlreichen Artgenossen in das Netz eines Jägers, der seinen Sonntagsbraten einsammeln wollte. Er war gerade dabei, einem Vogel nach dem anderen den Hals umzudrehen, da hörte er plötzlich rufen: „Das ist ja eine verdammte Wirtschaft!" Entsetzt sprang der Jäger zurück und fragte kreidebleich: „Wer ist denn da?" Worauf prompt die Antwort kam: „Ich bin der Kantor von Jüterbog, und das ist meine Frau." Erleichtert begriff der Jäger, wer ihm da ins Netz gegangen war. Er ließ alle anderen Vögel frei und brachte den einen dorthin, wo er zuhause war. Jedenfalls hatte dem Star seine Gelehrsamkeit das Leben gerettet und den Weg in die Pfanne erspart.

Über alte Stare sagt man, dass sie schwer sprechen lernen. Ein anderes Sprichwort lautet: *Stare naschen gern Kirschen, aber sie pflanzen keine Bäume.* Diese Weisheit über Leute, die gern etwas genießen möchten, ohne etwas dafür leisten zu wollen, kennt man auch in Holland: *Spreeuwen willen wel kersen eten, maar geene boomen planten.*

Bei Krünitz lesen wir: *Zur Speise des Menschen dienen die Staare eigentlich nicht, wenigstens nicht die alten; denn sie haben ein trocknes, bitters Fleisch. Mit jungen Staaren hat man schon Versuche gemacht, und man behauptet, daß die Staare aus den Gebirgen besser seyen, als die übrigen; indessen findet man sie nicht in den Kochbüchern, als eine gebräuchliche Speise angeführt.* Empfohlen wird, dem gefangenen Star gleich den Kopf abzuschneiden und die Haut abzuziehen, damit er nicht so bitter schmeckt.

Betrachtet man nun den Staar als Gefangenen im Käfiche, oder läßt man ihn im Zimmer umherlaufen, so belustiget er hier die Bewohner der Zimmer durch sein munteres Wesen, seine Possierlichkeiten, und durch seine Gelehrigkeit. Der Staar kann alle Sprachen sprechen, die Deutsche, Französische, Englische, Lateinische, Griechische etc., und ziemlich lange Redensarten darin ausdrücken lernen, steht ebenfalls bei Krünitz.

Die Netze oder Reusen zum Fangen der Stare wurden bald nach Johannis (24. Juni) gestellt. *Er führet viel flüchtiges Saltz und Oel, und ist gut wider die schwere Noth, wenn er gegessen wird,* erläutert die Zedlersche Enzyklopädie. *Bei den Alten sind die Staare unter den Leckerbißlein, sonderlich in der Weinlese, wenn sie am fettesten, gezehlet.* Allerdings folgt die Einschränkung: *heut zu Tage kommen sie nicht auf gute Tafeln.*

Stieglitz

Stieglitz (Carduelis carduelis).

Das Tier

Der Stieglitz *(Carduelis carduelis)* gehört in die Familie der Finken *(Fringillidae)*. Er ist von schlanker Gestalt, hat einen kurzen Hals und dünne Füße. Gut zu erkennen ist er an seiner auffällig roten Gesichtsmaske, die beim Männchen größer und dunkler ist als beim Weibchen. Die Flügel haben eine breite, leuchtend-gelbe Binde. Der Rücken ist hellbraun, der Bürzel weiß. Stieglitze haben einen gegabelten schwarzen Schwanz mit weißen Flecken im spitzen Drittel. Der elfenbeinfarbene Schnabel ist lang und spitz. Die Vögel erreichen eine Körperlänge von etwa 12 bis 13 Zentimetern. Die Flügelspannweite beträgt 21 bis 25 Zentimeter und das Körpergewicht liegt bei etwa 14 bis 19 Gramm.

Der Stieglitz ist an Bäumen und in den Büschen ein behender Kletterer, am Boden hüpft er etwas ungeschickt. Sein Flug ist wellenförmig und recht stabil.

Sein meist von einer hohen Singwarte vorgetragener Ruf klingt wie „dudidelet" oder „didudit", bei Erregung wie ein scharfes „zidi", der Aggressionsruf ist ein hartes, schnarrendes „tschrr". Mit seinem Gesang markiert der Stieglitz seinen Nestbereich. Außerhalb der Brutzeit stärkt er den Zusammenhalt in einer Gruppe mit mehreren Männchen. Die Weibchen singen nicht so laut und anhaltend wie die Männchen.

Stieglitze besiedeln Westeuropa bis Mittelsibirien, Nordafrika sowie West- und Zentralasien, aber nicht Island und das mittlere und nördliche Skandinavien. In Südamerika und Australien sowie auf Neuseeland und einigen Inseln Ozeaniens wurde er vom Menschen eingeführt. Als Teilzieher überwintert er in Westeuropa, während er in westlicheren, milderen Regionen ein Standvogel ist. Er bevorzugt offene, baumreiche Landschaften bis in etwa 1300 Meter Höhe und ist an Waldrändern, in Streuobstwiesen, in Feldgehölzen, Heckenlandschaften und an Flussufern zu finden. Seine Nahrung besteht aus Sämereien von Stauden, Wiesenpflanzen und Bäumen. Während der Brutzeit frisst er auch kleine Insekten, insbesondere Blattläuse.

Der Name

Der Vogelname Stieglitz ist seit dem 13. Jahrhundert bezeugt. Er wurde aus dem Slawischen entlehnt. Das Ursprungswort ist lautmalerisch geprägt. Vermutlich hat sich der Name aufgrund des ausgedehnten slawisch-deutschen Vogelhandels eingebürgert und das heimische Synonym Distelfink teilweise verdrängt.

Die Herkunft des Namens Stieglitz lässt sich auch in verschiedenen osteuropäischen Sprachen nachweisen: bulg. – *stschiglez*, kroat. – *zlatnik*, lett. – *ciglis*, poln. – *szczygiel*, russ. – *stschegol*, serb. – *schlugar*, slow./tsch. – *stehlik*. In zahlreichen anderen europäischen Sprachen (dän., ir., isl., norw., rum., schw.) heißt der Stieglitz *goldfinch*. Auf niederländisch folgt er dem alten deutschen Wort Distelfink und heißt *distelvink*.

Die Krünitzsche Enzyklopädie listet weitere Namen für den Distelfink auf: Diestelzeisig, Distelvogel, Fistelfink, Goldfink, Jupitersfink, Kletter, Rothvogel, Rothvögelchen, Stechlitz, Stichlitz, Stillitz, Truns.

Bei Adelung findet sich noch eine andere, wissenschaftlich aber nicht haltbare Erklärung: *Die erste Hälfte dieses Nahmens stammet ohne Zweifel von steigen her, weil dieser Vogel eine besondere Fertigkeit im Klettern besitzet; die letzte Sylbe scheinet Wendischen Ursprunges, und mit der Deutschen Ableitungssylbe -ling gleich bedeutend zu seyn.*

In Heinrich Wilhelm Döbels „Neueröffneter Jäger-Practica" von 1754 wird auf einen Fisch gleichen Namens verwiesen. *es sind diese gestaltet wie die ellritzen, sie stehen auch in den bächen gerne zwischen den ellritzen. der kopf und der rücken sind durchaus gantz schön buntfleckigt; weshalber ihnen auch nach dem buntfleckigten stieglitz vogel dieser name beygeleget wird.*

Der wissenschaftliche Gattungs- und Artname *Carduelis carduelis* ist von lat. *carduus* (= Distel) abgeleitet und findet sich zum Beispiel wieder in ital. *cardellino*, kat. *cadernera*.

Die Legende

Der Stieglitz ist ein ausgesprochen munterer, sich immer in Bewegung befindlicher Vogel mit melodischem Gesang, weshalb er gern in Käfigen gehalten wurde. Angelus Silesius dichtete: *Der Zeisig und der Stieglitz singt / Und alles musizieret.* Heinrich Brockes schreibt: *Wie lieblich musicirt und singet, Gott zum Preise, / Der Stieglitz, Emmerling, der Hänfling und die Meise.*

Krünitz schreibt in seiner Enzyklopädie: *Das Naturell dieses Vogels ist Lebhaftigkeit und Geschäftigkeit (…); denn er bewegt sich nicht nur ohne Aufhören hin und her, dreht sich von allen Seiten und kokettirt gleichsam mit seiner Gestalt, sondern er trägt auch Alles, was er im Käfich findet, hin und her, hebt die Sauf- und Freßnäpfe oder Futternäpfe heraus (…) und zerpflückt Alles, was er mit seinem Schnabel erreichen kann, wie Zwirn, Band, Leder und dergleichen Sachen, womit man oft die Thür des Bauers befestiget; kurz Alles, was er mit seinem Schnabel erreichen kann, und diesem nicht widersteht.*

Auf eine besondere Geschicklichkeit des Vogels weist Wilhelm Raabe in der „Chronik der Sperlingsgasse" hin: *Ich habe zwei Kanarienvögel und einen Stieglitz, der sich sein Futter selbst heraufzieht.*

Um das zu erreichen, war ein seltsamer Dressurakt erforderlich, den Krünitz beschreibt: *Das Heraufziehen des Futters erlernt er dadurch, daß man ihm ein Kleid anlegt, welches in einer zwei Linien breiten Binde von weichem Leder besteht, in welche man vier Löcher oder Einschnitte macht, wodurch man seine Fuße steckt, und deren beide Enden unter dem Bauche wieder zusammen kommen, welche durch einen Ring befestiget werden, woran man das Kettchen zum Heraufziehen des Wassers und Futters anbindet. … Er bemüht sich daher den Futterwagen mit seinem Fuße herauf zuziehen, um sich ein Hanfkörnchen daraus zu nehmen, und wenn dieses nun sehr oft geschehen ist, so gelangt er zuletzt dahin, den Wagen mit seinem Fuße festzuhalten, um erst mehrere Körner daraus zu verzehren, und eben so macht er es auch mit seinem Saufnäpfchen.*

Das Fleisch der Vögel galt als Delikatesse, weshalb man sie einsperrte und mit Mohn fett fütterte. Sie wurden wie die Lerchen gebraten. Allerdings argwöhnte man auch, dass man sich mit den Vögeln die Schwindsucht ins Haus holen könnte, was dem einen oder anderen Vogel vielleicht ein Leben in Freiheit sicherte. Ludwig Strackerjan berichtet allerdings von einer gegenteiligen Wirkung: *Schwindsüchtigen hängt man einen Stieglitz oder eine Lachtaube in das Zimmer, damit der Vogel die Krankheit auf sich ableite.*

In Pommern sagte man sarkastisch: *Fritz, Stieglitz, der Kukuk ist todt, / wir haben'n gegessen zum Abendbrot.*

Burkhard Waldis dichtete in „Vom Knaben und einem Stiglitz": *es het ein knab ein stiglitz gfangen, / im kevit an ein fenster ghangen.* Der Vogel findet einen Weg aus seinem Gefängnis. Der Knabe beschwört ihn auf vielfältige Weise, doch wieder zurückzukommen. *Hab dir doch alles gnug gegeben, / Davon die stiglitz mögen leben.* Der Vogel lässt sich aber nicht verlocken und er sagt: *Dem gefangen ist kein armer gleich: / Wer frei ist, hat ein königreich.*

Ein altes Sprichwort formuliert treffend, was das Leben eines Vogel im Käfig bedeutet: *id est wol zu essen und zu trincken haben, aber gefangen sitzen.*

Die Farbenpracht des Vogels gab einst den Königsbergern Anlass, ihre Stadtsoldaten Stieglitze zu nennen.

Fritz Reuter nimmt die Färbung der Vögel in seinem Roman „Ut mine Stromtid" zum Vergleich: *Malchen un Salchen keken ut ehre bunten, siden kleder up de drei lütten mätens in ehre verwaschenen kattunen kleder as de stiglitsch up de grasmügg.*

Storch

Storch (Ciconia ciconia).

Das Tier

Die Störche *(Ciconiidae)* gehören in die Familie der Schreitvögel. Sie sind mit sechs Gattungen und 19 Arten in allen Kontinenten (mit Ausnahme der Antarktika) verbreitet. Charakteristisch für Störche sind der lange Hals, die langen Beine und der große, oft langgestreckte Schnabel. Der in Europa bekannteste Storch ist der Weißstorch *(Ciconia ciconia)*. Er wird etwa 80 bis 100 Zentimeter lang und hat eine Flügelspannweite von 200 bis 220 Zentimetern. Der Weißstorch erreicht ein Gewicht von etwa 2,5 bis 4,5 Kilogramm. Sein Gefieder ist bis auf die schwarzen Schwungfedern rein weiß. Schnabel und Beine sind rötlich.

Da die Stimme des Weißstorchs nur schwach ausgeprägt ist, verständigen sich die Vögel durch Klappern mit dem Schnabel (daher Klapperstorch) zur Begrüßung des Partners am Nest und zur Verteidigung gegen Nestkonkurrenten. Auch das Balzritual wird mit ausgiebigem gemeinsamen Schnabelklappern begleitet.

Weißstörche bezeichnet man als Nahrungsopportunisten. Sie nehmen jede Beute, die sie vorfinden: Regenwürmer, Insekten, Frösche, Mäuse, Fische und auch Aas. Zur Nahrungssuche schreitet der Storch durch Wiesen und Sumpfland, um blitzartig mit dem Schnabel auf seine Beute herabzustoßen. In seichten Gewässern durchschnäbelt er das Wasser nach Beute. Er bevorzugt offene und halboffene Landschaften, möglichst feuchte und wasserreiche Gegenden wie Flussauen und Grünlandniederungen.

Carl Spitzweg:
Der Klapperstorch.

Seinen Nistplatz errichtet er auf Felsvorsprüngen, Bäumen, Gebäuden und Strommasten. Der Nistplatz des Weißstorches wird als Horst bezeichnet. Da Störche ihrem Horst über Jahrzehnte treu bleiben und der Nestbau nie abgeschlossen wird, kann er eine Höhe von mehreren Metern und ein Gewicht von zwei Tonnen erreichen. Der Weißstorch brütet in Europa von Spanien bis Russland, in Nordafrika und Vorderasien (Türkei bis Kaukasus). Das Gelege besteht aus zwei bis sieben weißen Eiern mit einer feinen Körnung. Sie sind doppelt so groß wie ein Hühnerei.

Weißstörche sind Zugvögel. Ihr Winterquartier in Afrika befindet sich südlich der Sahara. Manche Vögel bleiben auch über den Winter hier. Häufig handelt es sich dabei um ausgewilderte Tiere, die auf Grund von Verletzungen an den Menschen gewöhnt sind und ein gestörtes Zugverhalten aufweisen.

Seit Mitte der 1980er Jahre steigt der Bestand an Weißstörchen in den meisten Brutgebieten innerhalb Europas wieder an. Einige Gebiete konnten neu besiedelt werden. Der Weltbestand wurde 2010 auf etwa 230.000 Paare geschätzt.

Der Name

Der altgermanische Name Storch, *ahd. stor(a)h,* *mhd. storch(e),* gehört in die indogermanische Wortgruppe *stargo,* aus der auch starren und stark entstanden sind. Bei Luther findet sich noch die Nebenform *Stork.* Sebastian Brant bildete den Plural *die Störck.* Außerhalb des germanischen Sprachraums heißt nach Grimm *griech. torgos „geier" (überhaupt groszer vogel) verglichen: ein im hinblick auf seine unsichere bedeutung nicht den eindruck groszer bodenständigkeit machendes wort.*

In der Tierfabel trägt der Storch den Namen Adebar, der *nicht auf das ndd. beschränkt ist, vgl. oberhess. iwwerch, iwwerich neben ulwer ... auf der Fronhäuser heide bei Marburg der name Udeahrsnest ... und Uddemarsche als name der besitzerin eines bauernhauses in Holzhausen, auf dem der storch seit undenklichen zeiten genistet habe ... sogar bis nach Schwaben, wo aiper als ein ... bekanntes wort, jedoch orts- und flurnamen (Aiperthal u. s. w.) die ehemalige weitere verbreitung des wortes erweisen.*

Adebar findet sich in den alten Sprachen in Preußen: *adebâr, hadebâr (ad'bor);* Pommern: *adebahr;* Mecklenburg: *aodabar;* Altmark: *aodebaor, edebaor, odebarr* und Ostfriesland: *âbar, âdebar, hâdebar, hâdbar.*

Der wissenschaftliche Gattungs- und Artname *Ciconia ciconia* entspricht dem lateinischen Namen des Storches.

Die Legende

Die Vorstellung, dass der Storch *(odebar, adebar)* die Kinder aus dem Sumpf oder dem Brunnen holt, kam aus Niedersachsen und verbreitete sich schnell über die deutschen Lande. Im Erzgebirge glaubte man, die artigen trüge er auf dem Rücken, die bösen im Schnabel. In Thüringen übernahm Meister Adebar sogar zeitweise die Funktion des Osterhasen. Woher diese Vorstellung kommt, ist nicht gesichert. Ein möglicher Hintergrund könnte altes Heilwissen sein, wonach nicht der Vogel gemeint war, sondern das Heilkraut Storchschnabel, das, als Tee aufbereitet, den Kinderwunsch erfüllen helfen soll. Für eine andere, nun wirklich den Storch meinende Lesart, steht die mythologische Vorstellung, dass die Kinder sich vor ihrer Geburt im Wasser (Fruchtwasser) befinden und der Klapperstorch sie von dort hole.

Im Elsass bringt der Storch Kinder nur zu den Eltern, die noch Elsässisch reden *wie d'r Schnawwel g'wachse isch,* sonst fliegt er weiter. Im Baltikum deutet man den Überflug eines Storches direkt über den Kopf einer jungen Frau als Hinweis auf eine Schwangerschaft.

Aus Beobachtung wissen die Menschen, mit welcher Liebe Störche ihre Jungen umsorgen, da das in aller Öffentlichkeit geschieht und nicht in verborgenen Bruthöhlen. Schon im alten Ägypten wurde der Storch verehrt. Die Griechen sahen in ihnen das Urbild der das Leben gebärenden Frauen. Im nordischen Sagenkreis waren Störche die Attribute der Himmelsmütter und der Göttinnen des Mondes. Sie flogen voraus, wenn Frau Holle oder die nordgermanische Nerthus im Frühlingswagen mit Fruchtbarkeit und göttlichem Segen nahte. Im Mittelalter verkündeten Turmwächter die Ankunft der Störche. Im Badischen wurde der mit einem Laib Brot belohnt, der als Erster die Ankunft des heiligen Vogels verkündete. Es empfahl sich auch, beim Erscheinen des ersten Storchs mit seinem Geld zu klimpern.

Nach christlicher Legende verband sich die Ankunft der Störche mit der Verkündigung Marias, sie würde den Erlöser gebären.

Weit verbreitet war der Glaube, die Störche bestraften die Untreue eines Ehepartners mit dem Tod, indem sie ein ordentliches Gericht hielten und das Urteil fällten. Sie mieden darum Häuser, in denen Unfriede herrschte und bauten ihre Horste nur, wo Friede und Eintracht zu Hause waren.

In Oldenburg spukte die Vorstellung, die sich abendlich versammelnden Störche seien Freimaurer.

In der Volksmedizin verabreichte man pulverisiertes Storchenfleisch gegen Schwindel, Augenleiden und Rheuma. Storchenfett würde gut gegen Gicht, Lungen- und Halsleiden sein.

Taube

Taube (Columba livia).

Das Tier

Die Tauben *(Columbidae)* sind die einzige Familie der Ordnung Taubenvögel *(Columbiformes)*. Sie haben einen einheitlichen Körperbau mit einem kräftigen Rumpf und relativ kleinem, beim Laufen charakteristisch nickenden Kopf. Ihr Gefieder ist in der Regel grau, graublau oder braun gefärbt, nur wenige tragen ein farbenprächtiges Federkleid. Die Familie umfasst etwa 42 Gattungen und mehr als 300 Arten. Die meisten leben im Bereich von Südasien bis Australien. Ihre Nahrung ist überwiegend pflanzlicher Natur.

Im Unterschied zu den meisten Vögeln saugen sie das Wasser auf. Eine Besonderheit der Taubenvögel ist die sogenannte Kropfmilch, mit der die schnell heranwachsenden Jungvögel ernährt werden.

Die Haustaube ist die domestizierte Form der ursprünglich im Orient gezüchteten Felsentaube *(Columba livia)*. Die Straßentaube ist die verwilderte Form der Haustaube. Sie wird etwa 33 Zentimeter lang und verfügt über eine Flügelspannweite von durchschnittlich 63 Zentimetern. Ihr mittleres Gewicht wird mit 330 Gramm angegeben. Tauben leben in Schwärmen und verlassen ihren Brutplatz nur zur Nahrungsaufnahme.

Das charakteristische Kopfnicken liegt daran, dass Tauben ihre Augen nur wenig bewegen können. *Bei jeder Bewegung würde sich das Bild auf der Netzhaut ständig verschieben,* erklärt Juan Delius, der sich mit dem Phänomen ausführlich beschäftigt hat. *Daher bedient sie sich ihres Kopfes: Macht sie einen Schritt nach vorne, dann verharrt er, um so das Bild auf der Netzhaut zu stabilisieren. Beim nächsten Schritt schnellt der Kopf dann nach vorn, um von hier aus den nächsten Fixierpunkt anzupeilen.*

Tauben, die früher wegen des Fleisches gehalten wurden, werden heute vor allem als Brieftauben und Rassetauben gezüchtet. Ihre Standorttreue machten sich die Menschen schon sehr früh zunutze. Weil die Tauben den Partner und die Jungen schnell wieder erreichen wollen, konnte man sie als Überbringer von Nachrichten einsetzen. Die ersten Brieftauben kamen schon zur Zeit der Kreuzzüge aus dem Orient nach Mitteleuropa. Das Privileg der Taubenhaltung war bis ins 18. Jahrhundert Adligen und Klöstern vorbehalten.

Der Name

Die Herkunft des germanischen Vogelnamens Taube, ahd. *tuba,* mhd. *tube,* goth. *dûbô,* ist nicht sicher geklärt. Möglich ist ein lautlicher Hintergrund. Im Urtext der Bibel stehen die Wörter *tor* und *trygon* für Taube. Denkbar ist auch eine sprachliche Verwandtschaft zu Dunst (daher auch taub für gehörlos) wegen der grauen Farbe des Federkleids. In vielen indogermanischen Sprachen wird sie nach ihrem Federkleid genannt wie z.B. griech. *peleia* (= wilde Taube) und *pelios* (= blauschwarz). Es ist eine Verbindung zu altir. *dub* (= schwarz) überlegenswert, aber nicht schlüssig nachgewiesen.

Der männliche Vogel wird Tauber genannt, seit dem 17. Jahrhundert auch Täuberich, analog zu Enterich gebildet.

Der wissenschaftliche Gattungsname *Columba* entspricht dem lateinischen Namen des Vogels. Das Artepitheton *livia* bezieht sich auf die Farbe des Gefieders und bedeutet blaugrau, taubenblau.

Die Legende

Nach der Legende fanden Fischer einst im Euphrat ein außergewöhnlich schönes Ei. Sie brachten es an Land und ließen es von einer Taube ausbrüten. So wurde Ischtar geboren, die Venus der Ägypter. Sie wird als die Gütigste und Barmherzigste unter den Göttinnen beschrieben. Diese Sanftmut erklärt sich der Volksglaube damit, dass die Taube keine Galle besitzt und also gar nicht fähig zu aggressivem Verhalten sei. Auch der Evangelist Matthäus hat der Taube diese Eigenschaft attestiert. *Siehe, ich sende euch wie Schafe mitten unter die Wölfe; darum seid klug wie die Schlangen und ohne Falsch wie die Tauben* (Matth. 10,16).

Um auch den Ärmeren die Möglichkeit zu geben, mit einem Tieropfer Gott zu gefallen, erhielten sie die Genehmigung, die preiswerten Tauben zu nehmen, die sie sich notfalls sogar in den Höhlen der Felsen fangen durften. In den jüdischen Tempeln wurden Tauben zur Reinigung und Entlastung von Schuld dargebracht.

Die besondere Art der Liebeswerbung, das Gurren und Turteln und Schnäbeln, ließ die Tauben zum Sinnbild zärtlicher Liebe werden. Im Hohelied des Salomon nennt der Bräutigam seine Braut dreimal *meine Taube* und sagt, dass ihre Augen wie Tauben seien. Das sagt die Braut auch von ihm. Und weil Tauben meist in Paaren erscheinen, galten sie als Symbol ewiger Liebe und Treue.

Allerdings brachte man die Tauben auch mit Unzucht in Verbindung, weil sie sich in aller Öffentlichkeit paarten. Ausgenommen davon waren die weißen Tauben, denen man Reinheit und Unschuld zubilligte.

In der nordischen Mythologie wurden sie wegen ihrer ausgeprägten Mütterlichkeit und Liebe gegen ihrem Nachwuchs *den Großen Mütter in ihrem Aspekt als Mond- und Geburtsgöttin zugeordnet,* schreiben Clemens und Zerling im „Lexikon der Tiersymbolik".

Märtyrer oder unschuldig zum Tode Verurteilte glaubten im Augenblick ihres Todes, ihre Seele zum Himmel auffliegen zu sehen. Solche Nähe zum Tod lässt sich vielleicht mit dem gelegentlich wehmütig klagenden Ruf der Vögel, die mit dem Namen Seelenvogel bezeichnet wurden, erklären. In Syrien stellt man Taubenschläge über den Grabmälern auf.

Spätestens seit der Erzählung über die Sintflut und die Arche Noahs gilt die Taube als Zeichen der Hoffnung und der Versöhnung mit Gott, woraus später ganz allgemein die Friedenstaube wurde. Als die gewaltigen Wassermassen zurückgingen, schickte Noah drei Tauben aus. Die zweite kehrte mit einem grünen Ölzweig zurück (Gen 8,11).

Seit 1949 ist die Taube Symbol der Weltfriedensbewegung. Es war der Dichter Louis Aragon, der die Grafik bei seinem Freund Pablo Picasso entdeckte. Und der stellte sie für den guten Zweck bereitwillig zur Verfügung.

Zahlreiche Legenden und viel Aberglaube hat sich um die Tauben versammelt. Als gefährlich bezeichnet wurden Tauben, wenn sie in Häusern und Zimmern nisteten. Sie würden Rotlauf, Gicht, Schwindsucht, Zahnweh und Rheumatismus mit sich bringen. Das ist nicht ganz unbegründet, denn Tauben tragen auch allerlei Ungeziefer mit sich, das für Menschen gefährlich werden kann. Andererseits wurden viele Krankheiten mit Tauben geheilt. Gegen Krämpfe band man dem befallenen Kind eine frisch geschlachtete, in zwei Teile zerschnittene Taube auf die Fußsohle. Besondere Kraft wurde dem Taubenblut zugeschrieben. Es sollte bei Augenleiden und Schlaganfällen helfen.

Nach gängigem Glauben würde man die Liebe eines ganz bestimmten Menschen erringen, wenn man ein Taubenherz bei sich trägt oder es der Angebeteten als Pulver in Brot verbacken zu essen gibt.

Karl Bartsch erzählt in seinen Sagen, dass man bei epileptischen Anfällen dem Kranken das Innere eines warm getragenen, noch schwitzigen Schuhes vor die Nase halten solle, *bei Kindern den After mit dem After einer Taube berühren.*

Der Volksmund sagt: *Von der Taube Noahs, welche er aus der Arche hat ausfliegen lassen und die nicht wieder zu ihm gekommen ist, stammen die wilden Tauben ab,* zitiert Bartsch den Lehrer Schwartz.

Bei Ludwig Strackerjan findet sich ein Zauber gegen Fieber. Man müsse nur folgende Strophe auf ein Blatt schreiben: *Fuchs ohne Lungen, / der Storch ohne Zungen, / die Taube ohne Gall / hilft für das sieben und siebzigsterlei Fieber all.* Trägt man dieses Blatt am Halse, so bleibt das Fieber weg.

Das „Deutsche Sprichwörterlexikon" von Karl Friedrich Wilhelm Wander verzeichnet gut 100 Einträge zum Thema Taube, beginnend mit: *Ein Adler heckt keine Taube.* Was aber umgekehrt auch nicht funktioniert. Aus dem holländischen Sprücheschatz zitiert er: *Men ziet aan de veeren wel, dat een kerkuil geene duif is.* (An den Federn sieht man wohl, dass eine Eule keine Taube ist.)

Auf die Geschichten aus dem Schlaraffenland spielt der Spruch an: *Man kann lange gähnen, ehe einem eine gebratene Taube ins Maul fliegt.* Spöttisch gemeint ist der Satz: *He es so rein as en Duw (Taube), die de Poken het.*

Gelegentlich platzt selbst dem Sanftmütigsten der Kragen: *Auch eine Taube hat Zorn.* Vor allzugroßer Gutgläubigkeit warnt die Erfahrung: *Es bringt nit ein jede Taube ein Oelblattzweig.* Und schließlich: *Wenn die Taube mit dem Raben fliegt, bleibt zwar ihr Gefieder weiss, aber ihr Herz wird schwarz.*

Trappe

Großtrappe (Otis tarda).

Das Tier

Die Trappen *(Otididae)* gehören zur Ordnung der kleinen bis sehr großen, am Boden lebenden, aber durchaus flugfähigen Kranichvögel *(Gruiformes)*, von denen die meisten Arten in Afrika beheimatet sind und nur zwei in Europa leben.

Früher wurden die Trappen noch den Laufvögeln und Hühnervögeln zugerechnet, ehe man sie bei den Kranichvögeln einordnete.

Abbildung der Großtrappe.
Quelle: Brehms Tierleben

Die in Eurasien beheimateten, lange Zeit in ihrem Bestand gefährdeten Arten sind die Großtrappen *(Otis tarda)* und die Zwergtrappen *(Tetrax tetrax,* im 19. Jahrhundert *Otis tetrax)*. Gelegentlich spricht man auch wegen der Ähnlichkeit von Trappgänsen.

Die Trappen haben einen kräftigen Hals und lange Beine, der Schwanz und der Schnabel sind kurz. Die männlichen Vertreter der in Afrika beheimateten Riesentrappe *(Ardeotis kori)* werden 1,35 Meter hoch und erreichen ein Gewicht von zehn, manche sogar bis zu 19 Kilogramm, womit sie die schwersten flugfähigen Vögel der Welt sind. Die Weibchen sind bei den großen Arten deutlich kleiner und damit leichter. Bei den Zwergtrappen gibt es keine auffälligen Unterschiede.

Das Gefieder beschreibt Alfred Brehm detailliert so: *Kopf, Oberbrust und ein Theil des Oberflügels sind hell aschgrau, die Federn des Rückens auf rostgelbem runde schwarz \in die Quere gebändert, die des Nackens rostfarbig, die der Unterseite schmutzig- oder gilblichweiß, die Schwingen dunkel graubraun, an der schmalen Außenfahne und am Ende schwarzbraun, ihre Schäfte gelblichweiß, die Unterarmfedern schwarz, weiß an der Wurzel, die letzten fast reinweiß, die Steuerfedern schön rostroth, weiß an der Spitze und vor ihr durch ein schwarzes Band geziert, die äußeren fast ganz weiß.*

Die Männchen tragen ein helleres Federkleid und oft Schmuckfedern an Scheitel, Nacken, Wangen, Kehle oder Hals. Trappen haben drei Zehen mit unten ausgehöhlten, breiten Krallen. Schnelles Laufen ist wegen der relativ kleinen Füße kaum möglich.

Die Vögel sind zwar ausdauernde Flieger, nutzen ihre Flügel aber selten. Sie besitzen keine Bürzeldrüse, sondern rosa gefärbte Puderdunen. Ein Penis ist rudimentär ausgebildet.

Abbildung der Zwergtrappe.
Quelle: Brehms Tierleben

Trappen sind tagaktive Vögel, die vor allem morgens und abends die größte Aktivität zeigen. Bei allen Arten mit Ausnahme der Zwergtrappe gibt es reine Männchenverbände und reine Weibchenverbände.

Trappen sind Allesfresser. Auch Aas wird nicht verschmäht.

Ein Männchen paart sich mit mehreren Weibchen, hilft aber bei Brut und Aufzucht nicht. Bei den europäischen Arten, der Groß- und der Zwergtrappe, besteht das Gelege aus zwei bis drei Eiern. Die Brut dauert 20 bis 25 Tage. Die Jungen sind nach wenigen Stunden lauffähig und in der Lage, selbstständig zu fressen. Die Populationen unserer heimischen Trappen sind in Europa teilweise geschützt.

Der Name

Der Name Trappe ist lautmalerischen Ursprungs und im 17. Jahrhundert aus dem Niederländischen zu uns gekommen. Er bedeutet treten, auftreten, verwandt mit dem späteren Verb trampeln. Trappe ist althochdeutsch und mittelhochdeutsch nicht bezeugt. Das Grimmsche Wörterbuch verzeichnet unter Trappe (maskulin) den Hinweis: *plumper, groszer fusz, tatze ... ein fusz, trapp (als teil der vögel)*; sowie die feminine Form die Trappe: *tierfalle. ableitung von trappen, vb., ‚hart gehen', also ursprünglich das trittbrett, durch dessen berührung mit dem fusz das tier den mechanismus der fangvorrichtung auslöst und so eingeklemmt wird; dann die ganze falle.*

Der wissenschaftliche Gattungsname *Ardeotis* ist eine Ableitung zu lat. *ardea* (= Reiher). Die alte Beifügung *tarda* bedeutet bedächtig, schwerfällig. Die Bezeichnung der Zwergtrappe *Otis tetrax* entspricht im Gattungsname dem lateinischen Wort für Trappe. Die Beifügung *tetrax* ist griechischen Ursprungs und bezeichnet einen hühnergroßen Vogel.

Die Legende

Wenn sich die Hähne zur Balz anschicken, haben sie das Schwanzgefieder mit den darunter liegenden weißen Federn an, dann verwinkeln und verdrehen sie ihre Flügel und sie blasen ihre großen Kehlsäcke auf, womit sie ein weithin sichtbarer, leuchtender und gestikulierender Federberg sind, ohne dass sie während ihres Balztanzes laut rufen. Das müssen sie auch nicht, denn sie bieten in der meist ebenen Landschaft (Zwergtrappen sind auch in bergiger Landschaft anzutreffen) einen imposanten Anblick. Allerdings darf sich dem sonst freundlichen Tier kein Fremder, und schon gar kein fremder Hahn nähern.

Alfred Brehm schildert, wie Trappen ihr Revier verteidigen: *Das Selbstbewußtsein, welches sich in seinem Wesen ausdrückt, bekundet sich gleichzeitig durch ungewöhnlichen Muth und herausfordernde Kampflust. Jeder andere männliche Großtrappe wird ihm jetzt zu einem Gegenstande des Hasses und der Verachtung. Zunächst versucht er Ehrfurcht einzuflößen; da aber der andere von demselben Gefühle beseelt ist wie er, gelingt ihm dies nur selten, und es muß also zur Waffe gegriffen werden. Mit sonderbaren Sprüngen eilen die wackeren Kämpen gegen einander los; Schnabel und Läufe werden kräftig gebraucht, um den Sieg zu erringen; selbst fliegend noch verfolgen sich die erzürnten, schwenken sich in einer Weise, welche man ihnen nie zutrauen würde, und stoßen mit dem Schnabel auf einander.*

Trappen gewöhnen sich schnell an Menschen, die für sie sorgen. Sie kommen sogar ans Gitter, wenn man sie ruft, aber sie mögen es nicht leiden, wenn man das Gehege betritt. Dann stellen sie den Schwanz auf, lüften die Flügel, stoßen ein plärrendes „Psäärr" hervor und versuchen durch gezielte Schnabelhiebe zu schrecken.

Ansonsten aber macht der Vogel eher einen unbeholfenen Eindruck. In Johann Karl August Musäus' Erzählung „Libussa" versammeln sich die Vögel, um einen neuen König zu wählen. Unter ihnen waren *der dämische Trappe, der schwerbeleibte Auerhahn, der träge Storch, der hirnarme Reiher und alle größern Vögel balzten, klapperten und krächzeten.*

Trappen zählen zur hohen Jagd, aber es ist schwierig, sie zur Strecke zu bringen. Früher bediente man sich dazu einer wahren Höllenmaschine, der sogenannten Karrenbüchse. Sie bestand aus neun miteinander verbundenen Büchsenrohren, die gleichzeitig neun Kugeln abfeuerten, aber wegen ihres Gewichtes nur von einem Wagen aus gehandhabt werden konnten. Dieser Trappenwagen war ein rundum mit Stroh ausgekleideter Bauernwagen, um die Jäger vor dem scharfen Auge des Wildes zu verbergen. Das Gefährt wurde langsam zu den weidenden Trappenherden in aussichtsreiche Schussentfernung gebracht. Dennoch gelang es nicht immer, die scheuen Vögel zu überlisten.

Uhu

Uhu (Bubo bubo).

Das Tier

Der Uhu *(Bubo bubo)* ist die größte Eulenart aus der Gattung der Uhus *(Bubo)*, die zur Ordnung der Eulen *(Strigiformes)* gehört. Er zeichnet sich durch einen massigen Körper und einen auffällig dicken Kopf mit langen Federohren aus. Die Augen sind bernsteinfarben. Das Gefieder hat dunkle Längs- und Querzeichnungen. Brust und Bauch sind heller als die Rückseite. Der für Eulen typische Gesichtsschleier ist weniger stark ausgeprägt als beispielsweise bei der Waldohreule oder Schleiereule.

Der Standvogel jagt und brütet in Mitteleuropa vor allem in den Alpen und den Mittelgebirgen, aber inzwischen auch wieder im Flachland.

Die Weibchen sind deutlich größer als die Männchen. Männchen aus Norwegen erreichen im Durchschnitt eine Körperlänge von 61 Zentimetern und wiegen zwischen 1800 und 2800 Gramm, norwegische Uhuweibchen haben im Durchschnitt eine Körperlänge von 67 Zentimetern und wiegen 2300 bis 4200 Gramm. Die Spannweite der Männchen beträgt durchschnittlich 157, die der Weibchen 168 Zentimeter.

Uhus haben in unseren Breiten kaum natürliche Feinde. Sie erreichen in der freien Natur ein Alter von etwa 20 Jahren, in Gefangenschaft können sie bis zu 60 Jahre alt werden.

Der Name

Der Uhu hat seinen seit dem 16. Jahrhundert bezeugten Namen, wie das häufig in der Tierwelt zu beobachten ist, nach seinem in der Balzzeit oft bis zu einem Kilometer weit zu hörenden Ruf „buho". Das ostmitteldeutsche Wort Uhu hat sich gegen die früher auch gebräuchlichen Formen Huhu, Schuhu, Buhin oder Schufuth durchgesetzt. In 3 Mos. 11, 17 ist noch von Huhu die Rede. Bei Friedrich Rückert findet sich ein heute nicht mehr gebräuchliches Verb, wenn er vom *uhuhenden Uhu* spricht.

Auf verschiedene Varianten des Vogelnamens verweist Johann Christoph Adelung: *Bey dem Notker Huuue, in den gemeinen Mundarten Huhu, Huw, Hu, Hau, Urhuh, Buhu, Buheule, Auf, Gauf, im Nieders. Schubut, im Schwed. Uf, im Franz. Hibou, im Lat. Bubo, auch bey den Kalmucken Uhu; alle, so wie Eule selbst, als eine Nachahmung des eigenthümlichen Geschreyes dieses Vogels, welches bey dem Uhu Uh-ho-hu lautet.*

In England, Norwegen und Frankreich nennt man den Uhu *eagle owl* (Adlereule), in Island *eagle ugla*, in den Niederlanden *oehoe*, in Schweden *berguv* – immer hört man den Ruf des Uhus heraus.

Auch der wissenschaftliche Gattungs- und Artname lateinischen Ursprungs *Bubo bubo* lässt keinen Zweifel an der Herkunft.

Die Legende

Dem Uhu ist durch Aberglaube und Unwissenheit viel Übel geschehen. Sein nächtlicher, für empfindliche Gemüter vielleicht schauerliche Ruf hat ihm das eingebracht. Als im Jahre 135 aus dem Kapitol ein solcher Ruf erschallte und in der ganzen Stadt vernommen wurde, erfüllte die Römer großes Entsetzen, das zu einem Senatsbeschluss führte und einem Preis, den der Senat auslobte. Der Vogel wurde gefangen, getötet, verbrannt und seine Asche in den Tiber gestreut. Als sich wieder einmal ein Uhu im Kapitol verirrte, musste die ganze Stadt mit Wasser und Schwefel gereinigt werden. Aberglaube, der übrigens kaum einen Unterschied zwischen Uhu oder anderen Eulenarten macht, kann seltsame Blüten treiben.

In der griechischen Mythologie ist er der Unheilbringende ein Vogel der Unterwelt, der sich nach thessalischer Vorstellung auch in Hexen verwandeln kann.

Als Verkünder des Unheils soll ein Uhu den Krieg zwischen Cäsar und Pompejus, und später sogar den Tod Cäsars vorausgesagt haben. Darauf bezieht sich Shakespeare in seinem Drama „Julius Cäsar": *Und gestern saß der Vogel / Der Nacht sogar am Mittag auf dem Markte / Und kreischt' und schrie.* Lady Macbeth hört den Uhu, während ihr Mann den König ermordet: *Still, horch! / Die Eule war's, die schrie, der trau'ge Wächter, / Die grässlich gute Nacht wünscht.* In „Richard III" ruft der König: *Fort mit euch Uhus! Nichts als Todeslieder? Da, nimm das, bis du bessre Zeitung bringst.*

Ist in der Bibel von Eulen die Rede (Jes 34,11), kann es sich um einen Übersetzungsfehler handeln und der Igel gemeint sein.

Unheimlich war den Menschen auch, dass der große Vogel mit den bernsteinfarbenen Augen selbst in finsterster Nach gut sehen kann. Übertroffen wurde diese Fähigkeit noch von der Lautlosigkeit, mit der er auf Jagd geht. So einer konnte nur des Teufels Geselle oder der Leibhaftige selbst sein! *Wenn der Uhu und die Eule schreit, ist der Teufel auch nicht weit,* sagen die Wiener. Unglück bedeutete es auch, wenn dem Brautpaar auf dem Weg zur Kirche eine Eule entgegengebracht wurde.

Bei Lonicerus findet sich – hier übrigens feminin gebraucht – die Stelle: *die uhu heist auff latinisch bubo; ... wirdt von ihrem geschrey uhu genannt ... führen ein unlieblich geheul, welches ... einen zukünfftigen krieg oder unverhoffte theurung bedeut.*

Wenn sich ein Uhu am Tag auf einem Dach niederließ, war das ein schlimmes Omen. Tod, Feuer und Verderben standen ins Haus, vielleicht sogar ein Krieg. Nach der Vorstellung unserer Ahnen ritt an der Spitze der „Wilden Jagd", die mit schrecklichen Wesen die Toten auf ihrem letzten Weg begleitete, eine dämonische Frau auf einem gewaltigen Uhu.

Im Isergebirge galt das Erscheinen eines Uhus am Tag nachgerade als harmlos, denn das bedeutete nur, dass es bald Regen geben wird. Bemerkenswert übrigens, dass sich die abergläubischen Vorstellungen der Älpler oder anderer Gebirgsbewohner mitunter sogar positiv anhören. In der Region um Bern kündigte der Ruf eines Uhus die Geburt eines Kindes an. Oder: *Wenn der Uhu „huhu" schreit, kommt bald eine Hochzeit.*

Glück bedeute auch, wenn ein Uhu in der Nähe eines Hauses ruft, in dem eine Schwangere lebt. Sie wird eine leichte Geburt haben.

Uhus waren früher gern gesehene Jagdhelfer, wenn es gegen Krähen und Greifvögel ging. Dabei benutzte man die Eigenart der zu jagenden Tiere, dass sie, die Tagvögel, angesichts einer Eule fürchterlich zu schimpfen beginnen. Der Uhu wurde auf einen Pfahl gesetzt. Der Jäger wartete im Verborgenen. Kaum nahte sich eine schimpfende Krähe oder ein käckernder Greifvogel, traf ihn die Kugel aus dem Hinterhalt. Solche Art zu jagen gilt aber inzwischen nicht mehr als waidgerecht und ist verboten.

In Böhmen kannte man das Sprichwort: *Wenn man einen Uhu nach Käse schickt, so kommt er mit Quark zurück.* Gemeint war, was man durch dumme Boten erreicht, die eine Nachricht nicht richtig überbringen können.

In Oberschwaben sagte man früher *Heule, Huwhu* oder *Hüwel* zum Uhu. Davon abgeleitet war Hüwel auch eine Person mit struppigem Haar. Über diesen Umweg kam das Toupé zu seinem Spottnamen Hüwel.

Auch in der Literatur und der Sagenwelt spielt der Uhu eine große Rolle. Gotthold Ephraim Lessing muss den Uhu für einen kleinen Vogel gehalten haben. In seiner Fabel „Merops" will ein junger Adler vom Uhu wissen, ob es stimmt, wenn die Menschen sagen, dass es einen Vogel gäbe, der mit dem Schwanz voraus gen Himmel fliegt. *„Ei nicht doch!" antwortete der Uhu. „Das ist eine alberne Erdichtung des Menschen (…) weil er nur gar zu gern gen Himmel erfliegen möchte, ohne die Erde auch nur einen Augenblick aus dem Gesichte zu verlieren."*

Achim von Arnim dichtete:

Der Uhu sieht gar ernsthaft aus, als hätt er hoch studirt,
Geht nicht aus seiner Höl heraus, bis Nacht und finster wird,
All Dunkelheit ist ihm ganz hell, doch sieht er nichts bei Tag,
Drum ist er auch ein solch Gesell, den nie kein Vogel mag.

Wachtel

Wachtel (Coturnix coturnix).

Das Tier

Die starengroße Wachtel *(Coturnix coturnix)* ist der kleinste europäische Hühnervogel. Sie gehört in die Familie Fasanenartige *(Phasianidae)* in die Ordnung der Hühnervögel *(Galliformes)*. Wachteln werden etwa 15 bis 20 Zentimeter groß, ihr Gewicht beträgt zwischen 90 bis 110 Gramm. Die orangebraunen Hähne besitzen einen schwarzen Kehlkopf und ein weißes Halsband sowie ein variierendes Kopfmuster. Die Hennen ähneln den Männchen, das Kopfmuster ist aber weniger ausgeprägt. Hähne und Hennen haben einen kleinen, gebogenen Schnabel. Wachteln bevorzugen offene Felder und Wiesen, Getreideflächen, Brachen oder Luzerne- und Kleeschläge mit einer gute Deckung bietenden Krautschicht. In höheren Lagen findet man sie auch in von Wald umgebenen Wiesenstücken.

Die Wachtel ist der einzige Zugvogel unter den Hühnervögeln. Sie überwintert in Palästina und Nordafrika.

In Mitteleuropa sind die Bestände in den letzten Jahren wegen der Zerstörung des Lebensraumes und wegen der Jagd stark zurückgegangen. Deshalb ist in Deutschland die Wachteljagd ganzjährig ausgesetzt.

Die Wachtel verfügt über eine Reihe von pfeifenden, trillernden und gurrenden Rufen. Viel bekannter und in der gesamten deutschen Literatur gern zitiert oder als Vergleich herangezogen ist der als Wachtelschlag bezeichnete, bis zu einer Entfernung von einem halben Kilometer vernehmbare Gesang des Hahns, ein dreisilbiges Motiv, das volkstümlich mit *pick-werwick* umschrieben wird. *„Flick de Bücks", ruft die Wachtel,* steht bei Karl Bartsch. Das Weibchen antwortet mit einem weichen *gru-gru*.

Wachteln gelten wegen der Eier und ihres Fleisches als Delikatesse. Sie werden immer beliebter als Heimtiere. In der Wildnis erreichen sie ein Alter von etwa zwei, im Gehege bei entsprechend guter Pflege bis zu fünf Jahren.

Die abwertend gebrauchte „Spinatwachtel" bezeichnet eine schrullige, meist ältere Frau. Der Wortteil „Spinat" ist eine Verballhornung von süddt. *spinnet* für verrückt.

Der Name

Der Vogelname Wachtel, ahd. *wahtala*, mhd. *wahtel(e)*, ist lautmalerisch nach dem Ruf des Vogels *wak* gebildet worden. Das Wort kommt außer in der deutschen Sprache nur im Angelsächsischen vor. Dän. *vagtel* und schwed. *vaktel* sind aus dem Deutschen entlehnt. Allerdings sagt man in diesen Ländern auch wie engl./ ir./ isl./ norw. *quail*, frz. *caille*, ital. *quaglia*.

Der wissenschaftliche Gattungs- und Artname *Coturnix coturnix* entspricht dem lateinischen Namen des Vogels.

Als Wachtelkönig *(Crex crex)* bezeichnet man einen der Wachtel ähnlichen, aber größeren Wiesenvogel, den man auch als Wiesenralle oder Wiesenknarrer kennt.

Die Legende

Wenn die Wachteln zum Winter hin in ihre warmen Quartiere Richtung Süden flogen und das Meer überquerten, ließen sie sich gern zum Ausruhen auf den Segelstangen der Schiffe nieder. Die Schwärme waren manchmal so groß, beschreibt Konrad von Megenberg, dass zu befürchten stand, die Schiffe würden von der Last niedergedrückt und versenkt werden.

Der Buchstabe W wird in den altägyptischen Hieroglyphen mit einer Wachtel bezeichnet, ein Beleg dafür, welche Bedeutung der Vogel im Altertum hatte.

Als die Israeliten aus Ägypten auszogen, litten sie großen Hunger. Da ließ Gott vom Meer zwei Ellen hoch Wachteln kommen, wovon sich die Pilger auf dem Weg ins Gelobte Land sattessen konnten. Tatsächlich stürzen die Wachteln in einer ungeheuren Anzahl erschöpft zu Boden, wenn sie endlich in ihren Quartieren ankommen. Dann ist es ein Leichtes, sie aufzusammeln und als wohlschmeckendes Fleisch zuzubereiten. Im allgemeinen Sprachgebrauch ist oft von fetten Wachteln die Rede.

In Nord- und Mitteleuropa kündigen die Wachteln mit ihrer Rückkehr aus dem Süden den Frühling und damit die Erneuerung des Lebens an. Zu sehen sind die scheuen Tiere selten, zu hören oft. *Die Wachtel wacht / Die ganze Nacht, / Und wenn der Tag beginnt, / Ruft sie: Kind! Kind! / Wach auf geschwind.* dichtete Friedrich Rückert. Alle Dichter hören die Wachtel schlagen.

Clemens von Brentano: *Und der Schlag der Wachtel gellt / Im betauten Roggen!* Oder: *Die Wachtel, die schlug den Takt drei Achtel.*

Heinrich von Kleist: *Das Abendlied der holden Nachtigall / Ward durch der Wachtel Schlag begleitet.*

Nikolaus Lenau: *Und im Getreide hell die Wachtel schlagen.* Und Fritz Reuter: *Von't Feld heräwer slog de Wachte.*

Ludwig Uhland: *Nur die wachtel, die sonst immer / Frühe schmälend weckt den Tag, / Schlägt dem überwachten Schimmer / Jetzt noch einen Weckeschlag.*

Ludwig Strackerjan hat noch eine alte Volksweisheit aus dem Münsterland parat: *So oft die erste Wachtel schlägt, so viel Taler kostet das Jahr der*

Malter Roggen. So viel Kopfstücke zu 5 Groschen der Scheffel; je öfter sie schlägt, heißt es vielerwärts in allgemeiner Form, desto teurer wird der Roggen.

Derselbe Autor weiß auch: *Die Wachtel, Kütjeblick, Tütjeblick, saterländisch Roggefugel, ist ein heiliges Tier; sie zu töten ist Sünde.*

Bettina von Arnim schrieb an Goethe: *Heute morgen hat der Christian, der auch Arzneiwissenschaft treibt, eine zahme Wachtel kuriert, die in meinem Zimmer herumläuft und krank war, er versuchte ihr einen Tropfen Opium einzuflößen, unversehens trat er auf sie, daß sie ganz platt und tot dalag. Er faßte sie rasch und ribbelte sie mit beiden Händen wieder rund, da lief sie hin, als wenn ihr nichts gefehlt hätte, und die Krankheit ist auch vorbei, sie macht sich gar nicht mehr dick, sie frißt, sie säuft, badet sich und singt, alles staunt die Wachtel an.*

Die Jagd war früher ein Privileg der Begüterten. Sie wurde mit allerlei Gesetzen und Verordnungen reguliert. In einer alten Nürnberger Polizeiordnung lässt sich das nachlesen: *unsere herren vom rate gebieten, das fürbass nyemands in einer meil wegs gerings umb Nuremberg alle jar vor sant Gallen tag eynich rephun oder wachteln vahen oder verstecken sol mit einichem verlegzeug, stossgarn, noch mit einicher schellen, dy man über die ecker tregt oder mit einichem andern zeug.*

Wachteln streiten sich zwar viel, gehen aber eine feste Partnerschaft ein. Oft wird die Treue der Tiere zueinander auf die eheliche Treue, nicht selten auch nur auf die körperliche Liebe bezogen. In der griechischen Mythologie war es – wieder einmal – Zeus, der sich in eine Wachtel verwandelte und mit der ebenfalls zur Wachtel verzauberten Titanentochter Leto den Sonnengott Apoll und dessen Schwester Artemis zeugte. Artemis ist später oft als lüsterne Wachtel erschienen.

Wachtelhähne verteidigen ihr Revier und ihre Hennen gegen die Rivalen in erbitterten Kämpfen. Daraus machten sich die Alten ihren Spaß und hetzten sie, ähnlich wie noch heute mancherorts Hähne, gegeneinander. Ihre Kampfesbereitschaft brachte ihnen die Ehre ein, den Kriegsgott begleiten zu dürfen. Auch die streitbare Pallas Athene trug gelegentlich eine Wachtelhenne auf dem Helm.

Bei soviel Verehrung nimmt es nicht Wunder, dass man Wachteln nicht nur einfach verspeiste, sondern von ihren inneren Kräften profitieren wollte. Schon in der Antike galt Wachtelhirn als ein Heilmittel gegen Epilepsie. Wachteleier sollten die Manneskraft stärken und die Milch der Frauen besser fließen lassen. Wo die Wachtel brütete, schlüge kein Blitz ein. Aber nicht immer trafen ihre Weissagungen zu, weshalb sie auch schnell mal Lügnerin geheißen wurde.

Wendehals

Wendehals (Jynx torquilla).

Das Tier

Der Wendehals *(Jynx torquilla)* ist der einzige europäische Vertreter der Gattung *Jynx*, zu der noch der in Afrika beheimatete Rotkehlwendehals *(Jynx ruficollis)* gehört. Die Art, von der bis zu sieben Unterarten beschrieben werden, ist in der gesamten mittleren und nördlichen Paläarktis vertreten.

Die Körperlänge beträgt etwa 17 Zentimeter, das Gewicht bis zu 50 Gramm. Das Gefieder ist graubraun ohne deutliche Feldkennzeichen. Die kurzen Beine des Wendehalses sind hellgrau, der Schnabel kurz und spitz, der graubraune Schwanz auffallend lang mit drei undeutlich dunkelbraunen Querbinden. Das Kopfgefieder wird in Erregungssituationen gesträubt und bildet so eine auffallende Haube.

Die Weibchen sind etwas matter gefärbt. Die rötlichbraunen Töne des Bauchgefieders, wie sie bei Männchen im Brustkleid häufig sind, fehlen bei ihnen.

Während der Balz-, Brut- und Fütterungszeit können Wendehälse sehr auffällig und weithin vernehmbar sein. Außerhalb dieser Zeiten sind sie in ihrem Revier wenig zu bemerken. Ihr deutlicher und unverwechselbarer Gesang beginnt mit einem ansteigenden *gäh*-Element, das aber sehr schnell zu einem gellenden *kje* wird. Nicht selten singen die Partner im Duett. Fühlen sie sich bedroht, geben vor allem die Jungvögel, manchmal auch die Altvögel, einen schlangenähnlichen Zischlaut von sich. Sogar schlangenähnliche Bewegungen werden dabei simuliert. Dieses Verhalten wird in der Wissenschaft als Schlangenmimikry bezeichnet.

Wendehälse bevorzugen offene und halboffene Landschaften mit einzelnen Bäumen. Sie siedeln gern in Parklandschaften, Streuobstwiesen, großen Gärten und Weinbaugebieten, auch in lichten Birken-, Kiefern- und Lärchenwäldern. Wichtig ist das Vorhandensein bestimmter Ameisenarten, wie Rasen-, Wiesen- und Wegameisen, während die Roten Waldameisen gemieden werden. Die Nahrung wird mithilfe einer langen, klebrigen Zunge aufgelesen. Gelegentlich verzehren sie noch andere Insekten wie Blattläuse, Schmetterlingsraupen oder Käfer sowie Früchte und Beeren.

Im Magen einiger toter Küken wurden Plastikmaterialien, Metallteile, Alufolie und Porzellanbruchstücke gefunden, was darauf schließen lässt, dass diese Gegenstände irrtümlich an die Jungvögel verfüttert wurden.

Wendehälse überfallen gelegentlich die Bruthöhlen anderer Höhlenbrüter, vornehmlich die von Meisen und Fliegenschnäppern. Dann zerstören sie die Gelege und fressen die Eier. Mitunter werden sogar Jungvögel an die eigene Brut verfüttert.

Der Wendehals ist ein Zugvogel. Ende August, spätestens im September oder Oktober verlässt er sein Brutrevier und fliegt über die Iberische Halbinsel bzw. über die Balkanhalbinsel in die Savannen- und Trockenholzzonen West- bzw. Zentralafrikas. Das Mittelmeer wird umflogen. In der ersten Aprilhälfte trifft er wieder in Mitteleuropa ein.

In Zentral-, Nordwest- und Nordeuropa hat die Anzahl der Brutpaare in den letzten beiden Jahrzehnten ständig abgenommen. In einigen Regionen gilt der Vogel als ausgestorben. Deshalb war er in Deutschland, wo er zu den streng geschützten Arten gehört, 1988 Vogel des Jahres.

Ein altes Jagdgewehr trug auch die Bezeichnung Wendehals.

Einer der Gründe für den deutlichen Bestandsrückgang ist das mangelnde Nahrungsangebot, weil durch Überdüngung und Landschaftsausräumung ganze Ameisenkolonien zerstört werden.

Der Name

Der Wendehals hat seinen Namen nach der Fähigkeit, seinen Kopf vor allem in Bedrohungssituationen ruckartig bewegen zu können. Dieser häufige Wechsel des Blickwinkels führte schon früher dazu, Opportunisten mit seinem Namen zu belegen. Mit dem Zusammenbruch der DDR und danach im wiedervereinigten Deutschland kam der Begriff als Bezeichnung politischer Wendehälse wieder in Mode.

Der aus dem Griechischen *(iynx)* stammende wissenschaftliche Name *Jynx* wurde vermutlich nach seinem Ruf gebildet. Die Beifügung *torquilla* ist nach lat. *torquis* (= Halsband) gebildet.

Die Legende

Die Iynx ist in der griechischen Mythologie eine goldene oder bronzene, teils mit massiven Speichen versehene Scheibe, häufig wie ein Zahnrad gezackt. Wurde sie mittels eines Bandes in Bewegung gesetzt, entstand ein surrendes Geräusch. Das Rad wurde vor allem beim Liebeszauber als Orakel verwendet. Dieses Gerät wurde Peitho zugeordnet, der Göttin der erotischen Überredung, die junge Mädchen wortreich verführte, sich in Liebesdingen nicht länger zurückzuhalten. Die Römer nannten sie Suada oder auch Suadela. Sie ist als Helferin der Aphrodite und im Gefolge von Hermes zu finden.

Iynx war die Tochter des Pan und der Echo oder der Peitho, Dienerin der Io. Diese wurde von Hera in einen Vogel, den Wendehals, verwandelt, weil sie Zeus zum Liebeshandel mit Io verführt hatte. Später sorgte Iason, dass sich Medea in ihn verliebte. Er band Iynx auf ein Rad und drehte sie unter Aussprechung von Zauberformeln mehrmals um. Seitdem gilt der Wendehals als Mittel, jemanden verliebt zu machen.

Aphrodite half Iason bei der Suche nach dem Goldenen Vlies, indem sie Medea einen lebenden Wendehals schenkte, der mit ausgespreizten Flügeln an ein Feuerrad gebunden war.

Seine schlangenartige Wendigkeit gab ihm als Boten der Sonnen- und Mondkreisläufe die Fähigkeit, hinter die Dinge und die verborgene Ordnung zu sehen. Die durch Hera in eine Kuh verwandelte Io schickte an Zeus Wendehälse als Nachrichtenüberbringer. Philyra (= Linde) als Kultbaum der Wahrsagung war die Tochter des Wassers und die Mutter des Kentauren Chairon. Sie liebte es, in der Gestalt eines Wendehalses aufzutreten.

Als Iynx wurden einst die im Eingangsbereich vieler romanischer Kirchen hängenden Glücks- und Orakelbänder bezeichnet. Sie sollten sich auch im Orakeltempel Apolls in Delphi und in den Kulträumen keltischer Druiden befunden haben. Vier goldene Iynxbilder hingen im richterlichen Gemach babylonischer Könige, um ihn vor Hoffart zu warnen.

Um mit den Göttern in Verbindung zu kommen, benutzte man das Iynx-Rad bei Riten zu Heils-und Erlösungszwecken. Der Iynx-Daimon entstand aus der platonischen Eros-Vorstellung und wurde zum Teil mit den platonischen Ideen identifiziert.

Christoph Martin Wieland schreibt: *Iynx (der Vögel Wendehals) – Ein bei den Alten berüchtigtes Zaubermittel, dessen sich die vorgeblichen Zauberkünstler, Thessalischen Hexen und ihresgleichen bedienten, um durch magische Gewalt verschmähten Liebhabern Gegenliebe zu verschaffen.*

Karl Bartsch listet eine Vielzahl von Tierarten und Erscheinungen auf, die Regen ankündigen: *Wenn der Fuchs bellt, der Wolf heult, der Wendehals und Regenpfeifer rufen (…) dann gibt es bald Regen.*

Goethe lässt die Sphinx in der Faust-Szene „Am oberen Peneios " sagen: *Macht Euch zum Wendehals. Bezwingt Euch nicht, / Geht hin! begrüßt manch reizendes Gesicht!*

Eduard Mörike schreibt in seinem Gedicht „Zur Warnung" spöttische Verse über einen Dichter: (…) *Und ein Vogel ebenfalls, / Der schreibt sich Wendehals, / Johann Jakob Wendehals; / Der tut tanzen / Bei den Pflanzen* (…).

Der Begriff des politischen Wendehalses wurde von der Schriftstellerin Christa Wolf wiederbelebt, als sie fünf Tage vor dem Mauerfall vor über 500.000 Demonstranten auf dem Berliner Alexanderplatz sprach.

WIEDEHOPF

Wiedehopf (Upupa epops).

Das Tier

Der Wiedehopf *(Upupa epops)* gehört in die Familie der Wiedehopfe *(Upupidae)*. Die Anzahl der Unterarten schwankt je nach wissenschaftlicher Auffassung zwischen fünf und zehn. Für den im Durchschnitt vom Schnabel bis zur Schwanzspitze 28 Zentimeter messenden Vogel sind die kontrastreich schwarz-weiß gebänderten Flügel mit deutlichen gelben Einschlüssen, der lange, gebogene Schnabel und die etwa fünf bis sechs Zentimeter lange aufrichtbare Federhaube, deren Enden in einem weiß-schwarzen Abschluss auslaufen, charakteristisch. Der Schwanz hat eine breite weiße Binde im letzten Schwanzdrittel und eine weiße Zeichnung auf der Schwanzwurzel. Das Körpergefieder ist rostbraunrot. Die Weibchen sind etwas kleiner und matter gefärbt.

Der unverkennbare Gesang des Männchens besteht aus dumpfen Elementen (auch ‚up' oder ‚pu'), ähnlich einer Rohrflöte, die weit zu hören sind. Beide Geschlechter krächzen ein dem Ruf des Eichelhähers ähnliches raues *rääh*.

Der Wiedehopf ist vor allem in warmen, trockenen, mit einzelnen Bäumen bestandenen oder mit nur spärlicher Vegetation ausgestatteten Gebieten anzutreffen. In Mitteleuropa sind das häufig extensiv genutzte Obst- und Weinkulturen, im mediterranen Bereich Olivenkulturen und Korkeichenbeständen.

Der Wiedehopf hat gegenüber Feinden und Angreifern eine besondere Verhaltensweis entwickelt, indem er, wenn Flucht nicht mehr möglich ist, eine Tarnstellung dank seines kontrastreich gefärbten Gefieders einnimmt, indem er sich mit gespreizten Flügeln und Schwanz flach auf den Boden legt, während Hals, Kopf und Schnabel steil nach oben gerichtet sind. Nach neueren Beobachtungen kann diese Stellung auch dem Sonnenbaden geschuldet sein.

Junge Nestlinge zischen schlangenähnlich bei Gefahr, ältere spritzen zur Abwehr ihren Kot aus der Höhle. Noch wirkungsvoller ist das Absondern eines sehr übelriechenden Sekretes aus der Bürzeldrüse. Die Redensart vom *stinkenden Wiedehopf* hat ihre reale Begründung.

Die oft zu hörende Behauptung, dass Wiedehopfe grundsätzlich den Kot der Jungen nicht aus dem Nest befördern, ist falsch. In den meisten verunreinigten Nestern, die es tatsächlich gibt, handelte es sich um zu enge Bruthöhlen, die schwer zu reinigen sind. Oft stammen die Kotschichten von einem Vorbesitzer der Höhle, zum Beispiel von der Hohltaube, die den Kot der Jungen tatsächlich nicht aus dem Nest befördert.

Der Name

Der Namensbildung Wiedehopf, ahd. *witihopfa, wituhoffa, witohopfo,* mhd. *wit(e)hopf(e), wid(e) hopf(e), widohoppa,* liegt der Paarungsruf des Vogels zugrunde, der etwa wie *wudhup* klingt. Dieser Bildung folgen auch andere europäische Sprachen, wie engl./ ir./ norw. *hoopoe,* frz. *huppe,* port. *poupa,* slowak. *dudok,* lett. *pupukis.* Die Deutung *als der im Holz Hüpfende,* wobei der erste Teil ahd. *widu, witu, wito* Wald oder Holz, der zweite hüpfen zugeordnet wird, ist falsch, da der Wiedehopf nicht hüpft, sondern geht.

Andere, mundartlich geprägte Namen sind laut Grimm: *baumschnepfe, gänsehirte, heervogel, hoppevogel, huppatz, kothahn, kuckucksküster, stänker, stinkhahn, wachtmeister, waldhahn, waldhopf.* Weitere Synonyma sind: Krammetsvogel, Langwiede, Puvogel, Wehdwinde.

Der lateinische Name *Upupa* ist lautnachahmenden Ursprungs, ebenso die aus der griechischen Sprache stammende Beifügung *epops* (= Wiedehopf).

Die Legende

Der Wiedehopf findet sich wegen seines Geruchs, seines Verhaltens und wegen seines Aussehens auf die vielfältigste Weise in der Mythologie, der Literatur, im Aberglauben und in der Volksmedizin wieder.

Aristoteles' Behauptung, der Vogel würde sein Nest mit Kot ausstreichen, ist über die Jahrhunderte hinweg immer wieder kolportiert worden. Sein übler Gestank aber lässt sich nicht wegreden. Vom *stinkenden Wiedehopf* liest man schon in der Bibel.

Was man einem anderen Vogel gern als Krone zugesteht, der prächtige Kopfschmuck, wird dem Wiedehopf als Beweis für seinen Hochmut ausgelegt. Die Franzosen nennen einen zu Unrecht Aufsteigenden, weil ihm für die höhere Funktion alle notwendigen Charaktereigenschaften fehlen, verächtlich *huppe* – Wiedehopf.

Es gibt eine französische Sage, die den guten Ruf des Vogels rehabilitiert und den wahren Grund nennt, weshalb sein Nest so übel riecht. Ursprünglich war es nämlich mit silbernen Talern ausgekleidet. Da kamen die gierigen Menschen und stahlen sein Geld. Der Wiedehopf wusste sich nicht anders zu wehren, als sein Nest mit Kot auszuschmieren. Das stank zwar mächtig, aber der Vogel hatte hinfort seine Ruhe vor den Menschen.

Bei den Ägyptern stand der Vogel als Sinnbild des ewigen Rhythmus der Natur in hohem Ansehen, was sie in den Federn seiner Haube und der Mauser sahen. Er wurde aus Dankbarkeit den Kindergottheiten zugesellt, wie der Pelikan für seine Elternliebe verehrt wurde. Davon ist auch im mittelalterlichen „Physiologus" zu lesen: *Ewa gebiutet sere, daz man vater unde muotir ere. Philologus wil uns chunnt tuon, umbe den witehophun: diu ougen vergent ir, so si wirt alt, ze sehen hat si deheinen gewalt.* Die Jungen zupfen den alten Vögeln die Federn aus, lecken ihre Augen und nehmen sie unter ihre Fittiche, damit sie wieder jung werden.

In der christlichen Mythologie ist von solcher Verehrung und Elternliebe nichts zu lesen. Der Wiedehopf wird als Geschöpf des Teufels verachtet und verdammt. Er wird in der Liste der unreinen Tiere genannt, die nicht gegessen werden dürfen (3. Mo 11,19). Und weil er nach mittelalterlichem Aberglauben ein Vogel der Hexen und Dämonen ist, würde er sein Nest mit Brennnesseln ausstopfen.

Solche Verachtung widerfährt dem Vogel auch in der griechischen Mythologie. Der trakische König Tereus, Sohn des Kriegsgottes Ares, hatte seine Schwägerin Philomela vergewaltigt und ihr die Zunge herausgeschnitten, damit sie ihn nicht verraten kann. Zur Strafe wurde Tereus in einen stinkenden Wiedehopf verwandelt.

Der altgriechische Dichter Aristophanes lässt in seiner Komödie „Die Vögel" den Wiedehopf als König auftreten, der einst ein Athener war, aber von den Menschen schlecht behandelt wurde und sich deshalb den Vögeln zuwandte.

Die Volksmedizin weiß allerlei Verwendung des Vogels gegen verschiedene Krankheiten. Sein Herz hülfe gegen Seitenschmerzen, seine Federn gegen Kopfschmerzen, sein Blut bereite angenehme Träume.

Weit verbreitet war die abergläubische Vorstellung, der Kopf des Vogels bringe Glück, verschaffe Recht vor Gericht, mache den Träger beliebt und stärke sein Gedächtnis. Außerdem sei der Wiedehopf im Besitz der Springwurzel, mit der man alle Schlösser öffnen kann. Um an sie zu gelangen, muss man das Nest des Vogels vernageln und aufpassen, wenn er die Springwurzel holt, um es wieder zu öffnen. Nach getaner Arbeit wirft er sie ins Wasser oder ins Feuer. Bei dieser Gelegenheit kann man sich ihrer bemächtigen und in Zukunft für eigene, selten ehrbare Zwecke nutzen.

Karl Bartsch nennt den Wiedehopf Kukuksköster und schreibt in seinen Aufzeichnungen norddeutscher Erzählungen: *Die Mekelburger sagen, der Widehopffe sey des Guckucks-Küster. Denn wenn sich der mit seinem Närrischen gelächter oder geschrey auff den Bewmen hören lest, so lest sich auch bald hernach \der ander Narr, der Gukgug hören: denn ich halte die zweene vor Narren vnter den Vögeln, das es ja war sey, Stultorum plena sunt omnia.* Die Welt ist voller Narren.

Zaunkönig

Zaunkönig (Troglodytes troglodytes).

Das Tier

Der Zaunkönig *(Troglodytes troglodytes),* nach dem Winter- und Sommergoldhähnchen der drittkleinste Vogel Europas, ist die einzige in Eurasien vorkommende Art aus der Vogelfamilie der Zaunkönige *(Troglodytidae).* Er besiedelt Europa, Nordafrika, Vorder-, Zentral- und Ostasien sowie Nordamerika.

Der Zaunkönig hat wie die meisten Vertreter der Gattung eine runde Gestalt. Der Schwanz ist in der Regel hochgestellt. Der spitze, leicht gebogene Schnabel ist im oberen Teil schwarzbraun und im unteren Teil gelblich gefärbt. Die Oberseite des Gefieders ist rotbraun, die Unterseite fahlbraun gefärbt. Männchen und Weibchen unterscheiden sich äußerlich nicht. Lediglich die Flügel sind beim Weibchen 4,5 bis 4,8, beim Männchen zwischen 4,9 und 5,3 Zentimeter lang. Die Flügelspannweite beträgt 14 bis 15 Zentimeter. Die Vögel erreichen eine Körperlänge von neun bis elf Zentimeter. Das Körpergewicht liegt meist zwischen sieben bis elf Gramm.

Der Zaunkönig kann zwar einen Stamm mit seinen langen Zehen und den kräftigen Krallen senkrecht hinaufklettern, jedoch nicht kopfüber hinab. Er fliegt mit raschen Flügelschlägen gradlinig und direkt über den Boden.

Die Nahrung des Zaunkönigs setzt sich aus Spinnen, Weberknechten und Insekten, wie beispielsweise Nachtfaltern und Fliegen, sowie deren Eiern und Larven, zusammen. Die Art gilt derzeit als nicht gefährdet.

Der bis auf eine Entfernung von 500 Metern zu hörende Gesang des Männchens setzt sich aus etwa 130 verschiedenen Lauten zusammen. Er klingt schmetternd mit Trillern und Rollern und endet abrupt. Die Weibchen singen weniger laute, einfache Lieder.

Der Zaunkönig ist eine in Deutschland streng geschützte Art. Er war Vogel des Jahres 2004.

Der Name

Der seit dem 15. Jahrhundert bezeugte Vogelname Zaunkönig, mitteld. *czune künnyck,* geht auf die Äsopsche Fabel vom Wettstreit der Vögel zurück, in der der kleine Vogel den Adler überlistet und zum König der Vögel gewählt wurde. Der altgermanische Name *wrendo* wurde, nachdem die Fabel in Deutschland bekannt geworden war, durch *kuningilîn,* mhd. *kuniclin,* verdrängt. Das gilt auch für den Namen *zunslüpfel* (Zaunschlüpfer).

Zaunkönig ist eine Lehnübersetzung des lat. *regulus (rex* = König), womit eigentlich die Gattung der Goldhähnchen benannt wurde. Auch hier liegt die mehrfach in der Literatur aufgegriffene und variierte Fabel zugrunde, in der der kleine Vogel am Ende ausruft: *„König bün ick! König bin ick!"* Das soll auch der schmetternde Gesang bedeuten.

Andere Bezeichnungen sind Schneekönig, weil er den Winter über bei uns bleibt, oder in Niederdeutschland Nettelkönig, in Westdeutschland Mausekönig.

Mit „Zaunkönigtum" wurde die deutsche Kleinstaaterei, aber auch die lächerlich kleine Adelsrepublik Lucca verspottet.

Der wissenschaftliche Gattungs- und Artname wurde von Linné zunächst mit *Sylvia troglodytes* vergeben, bevor die neue Nomenkladur *Troglodytes troglodytes* festlegte. Troglodytos ist griechischen Ursprungs und bedeutet Höhlenbewohner. Das Wort nimmt Bezug auf das Nisten in Baumhöhlen und Erdlöchern.

Die Legende

Dem kleinen, fast unscheinbaren Zaunkönig galt nicht nur Äsops Respekt, der ihn über den Adler siegen und zum König der Vögel werden lässt. In der Vorstellung der Kelten, die ihn mit der Bezeichnung „Herz der Eiche" und „Arzt des Fionn" ehrten, hat er das Feuer vom Himmel auf die Erde gebracht. Mit solcher Verbindung wurde dem Vogel nicht nur Achtung entgegengebracht, er galt auch lange als tabu für die Jagd und Vogelfängerei. Wer dies missachtete, musste mit schwerer Bestrafung und selbst mit dem Tod rechnen.

Das Verhältnis änderte sich mit der Christianisierung. Die Missionare waren streng darauf bedacht, alles „Heidnische" auszutreiben. Nun wurde der kleine Vogel verdächtigt, mit den Hexen und dem Teufel im Bund zu stehen. Er habe das Feuer nicht vom Himmel, sondern aus der Hölle geholt, hieß es in der Haute Bretagne. In einer Sage von der Insel Man soll eine Fee in Gestalt einer schönen Frau viele der tapfersten Männer an den Rand der Klippen geführt und ins Meer gestoßen haben, wo sie zu Tode kamen. Um der Rache der Inselbewohner zu entgehen, wurde sie in einen Zaunkönig verwandelt, um seitdem an St. Stephan (26. Dezember) verfolgt und getötet zu werden.

Das sonst gültige Jagdverbot wurde für diesen einen Tag tatsächlich aufgehoben. Dann zogen die Menschen mit Birkenruten los, erschlugen die Vögel, wo sie sie nur finden konnten, spießten sie auf ihre Ruten und trugen ihre Opfer in einer Prozession umher. Schließlich wurden die Vögel als Geist des alten Jahres auf einem Kirchhof begraben.

Nach einer anderen christlichen Legende trat der Zaunkönig als Symbol des Heiligen Geistes an die Stelle der Taube. Er habe die Geburt Jesu vorhergesagt und sein Nest auf der Krippe zu Betlehem gebaut. Sein Halleluja klinge am lautesten und der Sonntag sei ihm stets heilig.

Abergläubische Vorstellungen machten ihn zum Räuber, der den Kühen die Milch absaugte. Dennoch durfte er nicht gefangen werden, weil das Tod und Unwetter zur Folge habe. Anderenorts musste es aber doch erlaubt gewesen sein, denn wie hätte man ihm sonst die Haut zu Pulver brennen sollen, um es einer trächtigen Kuh ins Futter zu geben, damit sie gegen Verhexung geschützt sei? Selbiges Pulver sollte auch mit Wein verkocht gegen Steinleiden helfen. Es galt auch als ausgemacht, dass junge Zaunkönige, aus dem Nest entnommen und in Brotteig verknetet, Haustieren ein gutes Gedeihen sicherten.

Ein Zusammenhang mit dem Zaun wird erst in deutschen Märchen hergestellt. Die Brüder Grimm nehmen die Äsopsche Fabel vom kleinen Vogel, der König aller Vögel werden will, zum Ausgangspunkt und spinnen den Faden weiter. Die anderen Vögel wollen keinen über sich haben, der nur durch List höher flog als der Adler. Also musste ein neuer Wettbewerb ausgerufen werden. König sollte sein, wer am tiefsten in die Erde fallen könne. Während alle anderen Vögel auf die Erde schlugen und dort liegenblieben, war es der Kleine, der ein Mauseloch fand, hineinkroch und rief: „König bün ick! König bün ick!" Da steckten ihn die anderen Vögel ins Loch zurück und stellten die Eule als Wache davor. Mit einer List gelang es dem kleinen Vogel, die Eule zu übertölpeln. Er konnte fliehen. *Von der Zeit an darf sich die Eule nicht mehr am Tage sehen lassen, sonst sind die andern Vögel hinter ihr her und zerzausen ihr das Fell. Sie fliegt nur zur Nachtzeit aus, haßt aber und verfolgt die Mäuse, weil sie solche böse Löcher machen. Auch der kleine Vogel läßt sich nicht gerne sehen, weil er fürchtet, es ginge ihm an den Kragen, wenn er erwischt würde. Er schlüpft in den Zäunen herum, und wenn er ganz sicher ist, ruft er wohl zuweilen „König bün ick!" und deshalb nennen ihn die andern Vögel aus Spott Zaunkönig. Niemand aber war froher als die Lerche, daß sie dem Zaunkönig nicht zu gehorchen brauchte. Wie sich die Sonne blicken läßt, steigt sie in die Lüfte und ruft „ach, wo is dat schön! schön is dat! schön! schön! ach, wo is dat schön!"*

Auch bei anderen Dichtern treffen wir auf den Zaunkönig. Eugen Roth z.B. dichtete: *Man trifft heut manchen Zaungast zwar, / doch der Zaunkönig, der wird rar, / der durch die Gärten, grün umbuscht, / so winzig wie ein Mäuschen huscht.*

Zeisig

Zeisig (Carduelis spinus).

Das Tier

Die Zeisige *(Carduelis)* sind eine Gattung der Familie der Finken *(Fringillidae)*. Einer der häufigsten Vertreter in unserem Raum ist der Erlenzeisig *(Carduelis spinus)*.

Die Vögel kommen in ganz Europa vor, ausgenommen Island und Nordskandinavien. Größere Populationen leben auch in Nord- und Ostasien sowie im Nahen und Mittleren Osten. In Mittel-, Süd- und Westeuropa sind sie Jahresvögel. Der Erlenzeisig ist in seinem Bestand ungefährdet.

Sie brüten vorrangig in Fichten. Ihre Nester bauen sie aus Gräsern und Moosen. Im Winter ziehen sie in großen Schwärmen über weite Strecken durch offene Landschaften und ernähren sich von Samen und Knospen.

Albrecht Dürer: Die Madonna mit dem Zeisig (Ausschnitt). Staatliche Museen zu Berlin.

Die zwölf Zentimeter kleinen Finken haben eine Flügelspannweite von 20 bis 23 Zentimeter. Sie werden zwölf bis 15 Gramm schwer. Das Männchen trägt ein schwarz-gelb-grün gefärbtes Federkleid mit schwarzer Stirn und schwarzem Kinn. Der Kopf ist gelb und hat grüne Wangen. Der Rücken ist graugrün, die Flügel schwarz mit einer gelben Binde gezeichnet. Die Weibchen sind unscheinbarer graugrün und gestrichelt, mit hellgrauem Bauch.

Während das Weibchen den Nistort wählt, die Baustoffe trägt und das Nest baut, singt das Männchen, holt Futter und schnäbelt und füttert balzend das Weibchen.

Der Zeisig ist ein sehr beliebter Käfigvogel, der sich leicht eingewöhnt und sogar als Wildfang zahm wird.

In Mitteleuropa lebt außerdem der Grünling oder Grünfink *(Carduelis chloris)* als größte Art dieser Gattungsgruppe. Der Körnerfresser ist häufig in Gärten und Parkanlagen zu finden und im Winter auch auf abgeernteten Feldern.

Andere Vertreter der Familie sind z.B. der nordamerikanische Fichtenzeisig *(Carduelis pinus)* und der im nördlichen Südamerika beheimatete Kapuzenzeisig *(Carduelis cucullata)*.

Der Name

Der Name Zeisig, mhd. *zise,* spätmhd. *zisik,* ist in der Mitte des 13. Jahrhunderts aus tschech. *čiž* entlehnt. Die heutige Form ist aus der Verkleinerungsform *čižek* entstanden. Das Grimmsche Wörterbuch gibt außerdem an: *hieraus schwed. siska und ält.-dän. sisik (...) Schlesien (...) Ostpreussen, Brandenburg, Altmark auch zeiske.* Bei Luther findet sich *zyschen.*

Die heute nicht mehr gebräuchliche Verbalbildung *ziseken* bedeutete laut Grimm *einnehmend, schmeichelhaft reden, auch langgezogene wörter mit zugespitztem mündchen vorbringen.* Der wissenschaftliche Gattungsname *Carduelis* ist das lateinische Wort für den Distelfink *(Carduelis carduelis),* der ebenfalls zu den Finkenvögeln gehört. Die Beifügung *spinus* ist die latinisierte Form von griech. *spinos* (= Zeisig).

Die Legende

Der Zeisig baut sein Nest gut versteckt und hoch oben in den Bäumen. Weil es schwer zu finden ist, entstand der Aberglaube, Zeisige können sich unsichtbar machen und wären nur im Spiegel des Wassers zu entdecken. Der Zeisig habe einen Blendstein in seinem Nest, durch den er sich unsichtbar mache. Es könne nur indirekt gesehen werden. Gelangte ein Mensch in den Besitz eines solchen Zaubersteins, glaubte man in der Oberpfalz und in Tirol – oder eines Eis aus dem Gelege, wie man in Brandenburg und Schlesien annahm –, könne man sich selbst unsichtbar machen oder in jede beliebige Gestalt verwandeln. Selbst die Zukunft ließe sich damit erkennen.

Nach einem anderen Aberglauben war man überzeugt, mit Hilfe eines Zeisigs sogar Epileptiker heilen zu können. Man musste solch einen Vogel nur im Haus haben und darauf achten, wann er sich in seinem Wassernäpfchen badet. Dieses Badewasser musste der Kranke trinken, um gesund zu werden.

Über eine andere Anwendung steht in Zedlers Enzyklopädie: *Zeisig-Mist (sterkus Lutcola), er erweichet den harten Leib, dienet den jungen Kindern in Milch gethan oder mit Wasser abgekocht, wenn die Weiber ihnen wenig Nahrung geben können.*

Wer ein sittenloses und verschwenderisches Leben führte, wurde zu Lessings Zeiten Zeisig genannt. *Ich weiß so wohl, daß du ein lockrer Zeisig gewesen bist, und alles durchgebracht hast,* heißt es im Drama „Lisidor". Bei Knigge lesen wir: *... wenn sie hört, was für ein Zeisig der Musjö ist.* Kotzebue lässt Frau Brendel sagen: *Der scheint mir ein lockerer Zeisig.*

In Kretschmanns „Sammlung der besten deutschen prosaischen Dichter" findet sich die Stelle: *ich hatte ihn herbestellt: aber der zeisig ist gewisz in irgend ein weinhaus gerathen.* Goethe spricht spöttisch von einem *feinen Zeisig.* In Wien sagte man verächtlich: *Sie is a feins Zeisserl, ein durchtriebenes Frauenzimmer.* Die Holländer sagen: *Het is een raare sijs,* – und meinen, das sei ein *seltsamer Zeisig.* In Schlesien hieß es von einem Verschwender: *Dar luckre Zeiske.* Die Franzosen kennen die Redwendung: *Voilà encore un homme bien bâti,* über einen Mann, der etwas hermacht. Oder man sagte von einem unbekümmerten Menschen: *Il est un plaisant arbalétrier.*

Wenn einer nicht sonderlich begütert und auch nur von geringem Stande war, sagte man über ihn: *Der Zeisig ist ein kleiner Vogel, man kann ihn aber doch nicht mit den Federn verzehren.* Gemeint war, dass man ihm seine Würde lassen soll.

Clemens von Brentano weist in seiner Geschichte „Vom wilden Jäger" auf einen anderen Zeisig-Vergleich hin: *Das hat mir das Mädchen alles anvertraut; ich habe ihr Herzchen gerührt, sie ist kirre wie ein Zeisig, und wenn wir wollen, läßt sie die Großmutter und den Goldtopf im Stich, läuft morgen mit uns und verdient uns das Brot mit Burzelbäumen, deren sie ganz wunderbare schlagen kann.*

In „Des Knaben Wunderhorn" von Clemens von Brentano stehen die Zeilen: *Komm her du schönes Zeiselein, komm fliege her behend, / Sing, spring auf grünem Reiselein, / und mach dem Lied ein End.* Nur scheinbar ist hier von einem Zeisig die Rede.

Wenn es auch dem Besitzer gefallen mag, dass sein Zeisig munter im Käfig umherturnt und scheinbar unbekümmert singt, so ist er doch ein Gefangener selbst im schönsten Bauer.

In der Krünitzschen Enzyklopädie wird beschrieben, wie sich ein Zeisig im Käfig verhält und welche Menschen ihn besonders gern als Hausgenossen hatten. *Er hat in seinem Gesange eine ganz eigene Strophe, die viel Aehnlichkeit mit dem Tone hat, den der Stuhl des Strumpfwebers von sich giebt, wenn er eine Reihe Maschen zuwebt; ist daher in manchen Gegenden bei den Strumpfwebern besonders beliebt.*

August Heinrich Hoffmann von Fallersleben denkt über solche Gefangenschaft in seinem Gedicht vom Zeisig nach und kommt zu dem Schluss: *„Zeisig, mein Zeisig, wo willst du doch hin? / „Wo es mir wohlgefällt, / Draußen in Wald und Feld." / Geh geh geh! nun so geh! Zeisig ade!* und entlässt ihn in die Freiheit.

Johann Gaudenz von Salis-Seewis weiß von solcher Freiheit zu erzählen: *Der Zeisig hüpft / Vergnügt und schlüpft / Durch blätterlose Haine.*

Verzeichnis der erwähnten und zitierten Personen

Abraham á Santa Clara (Johann Ulrich Megerle) (1644-1709) dt. Prediger, Schriftsteller 63, 101
Adelung, Johann Christoph (1732-1806) dt. Lexikograf 81, 166, 181, 207
Ahlefeld, Charlotte von (1777-1849) dt. Schriftstellerin 51
Altenberger, Peter (Richard Engländer) (1859-1919) österr. Schriftsteller 123
Ambrosius von Mailand (339-397) röm. Bischof, Kirchenlehrer 131
Andersen, Hans Christian (1805-1875) dän. Märchendichter 47, 71, 147
Aristophanes (zw. 450/444 v. Chr. - um 380 v. Chr.) griech. Komödiendichter 58
Aristoteles (384-322 v.Chr.) griech. Philosoph 55, 58, 147, 194
Arndt, Ernst Moritz (1769-1860) dt. Schriftsteller 11, 154
Arnim, Achim von (1781-1831) dt. Schriftsteller 27, 183
Arnim, Bettina von (1785-1859) dt. Schriftstellerin 119, 187
Äsop (um 600 v.Chr.) griech. Dichter 94, 141, 142
Auerbach, Berthold (Moses Baruch Auerbacher) (1812-1882) dt. Schriftsteller 63
Auerbach, Ludwig (1840-1882) dt. Fabrikant, Schriftsteller 107
Bartsch, Karl (1832-1888) dt. Mediävist, Altphilologe 35, 47, 63, 78, 139, 175, 185, 191, 195
Bechstein, Ludwig (1801-1860) dt. Schriftsteller 47, 103, 131
Birlinger, Anton (1834-1891) dt. Theologe, Germanist 47, 63, 123
Boccaccio, Giovanni (1313-1375) ital. Dichter 55
Brant, Sebastian (lat. Titio) (1457-1521) dt. Humanist 151
Braun, Lily (Amalie von Kretschmann) (1865-1916) dt. Schriftstellerin 27
Brehm, Alfred (1829-1884) dt. Zoologe 2, 9, 26, 70, 85, 86, 93, 97, 109, 121, 122, 149, 177, 179, 207
Brentano, Clemens Wenzeslaus (1778-1842) dt. Dichter 15, 27, 59, 107, 186, 203
Brockes, Barthold Heinrich (1680-1747) dt. Dichter 70
Brüder Grimm: Jacob (1785-1863), Wilhelm (1786-1859) dt. Sprachwissenschaftler 13, 29, 31, 45, 46, 47, 51, 53, 55, 57, 73, 77, 97, 110, 113, 117, 125, 130, 138, 146, 150, 162, 178, 202
Bürger, Gottfried August (1747-1794) dt. Dichter 39
Busch, Wilhelm (1832-1908) dt. Zeichner, Schriftsteller 65, 78
Büsching, Johann Gustav Gottlien (1783-1829) dt. Volkskundler, Archäologe
Clara, Abraham a Santa (Johann Ulrich Mergerle) 1644-1709), dt. Dichter 63
Doyle, Arthur Conan (1859-1930) engl. Kriminalschriftsteller 138
Eberhard, Wolfram (1909-1989) dt. Sinologe, Ethnologe 42
Eichendorff, Joseph von (1788-1857) dt. Schriftsteller 139

Euripides (um 480 - 406 v.Chr.) griech. Dramatiker 119
Fontane, Theodor (1819-1898) dt. Schriftsteller 31, 90, 123
Friedrich II. (1194-1250) dt. Kaiser 54, 55
Fronsberger, Leonhardt (1520-1575) dt. Militärschriftsteller 54
Gajus Caligula (Gaius Caesar Augustus Germanicus) (12-41) röm. Kaiser 19
Gesner, Conrad (1516-1565) schweiz. Arzt, Naturforscher 38, 101, 114, 207
Gleim, Johann Wilhelm Ludwig (1719-1803) dt. Dichter 155
Goeckingk, Günther von (1748-1828) dt. Dichter 23
Goethe, Johann Wolfgang von (1749-1832) dt. Dichter 19, 27, 46, 50, 67
Grässe, Johann Georg (1814-1885) dt. Sagenforscher, Literaturhistoriker 115
Grillparzer, Franz (1791-1872) österr. Schriftsteller, Dramatiker 159
Grimm - siehe Brüder Grimm
Gutenberg, Johannes (eigentl Gensfleisch von Sorgenloch) (um 1400-1468) dt. Erfinder des Buchdrucks mit beweglichen Lettern 67
Hagedorn, Friedrich von (1704-1760) dt. Dichter 71, 114, 159
Haltrich, Josef (1822-1886) dt. Volkskundler 106
Hegel, Friedrich (1770-1831) dt. Philoosoph 50
Heine, Heinrich (1797-1856) dt. Dichter 151
Heym, Georg (1887-1912) dt. Schriftsteller 91
Hoffmann von Fallersleben, August Heinrich (1798-1874) dt. Dichter, Germanist 14, 31, 203
Holz, Arno (1863-19929) dt. Schriftsteller 123
Hus, Jan (1369-1415) tschech. Reformator 147
Isidor von Sevilla (um 560 - 636) span. Bischof, Schriftsteller 67
Jean Paul (Johann Paul Friedrich Richter) (1763-1825) dt. Schriftsteller 39
Jiriczek, Otto Luitpold (1867-1941) dt. Germanist, Anglist 90
Klabund (Alfred Henschke) (1890-1928) dt. Schriftsteller 91
Kosegarten, Ludwig Gotthard (1758-1818) dt. Dichter 31
Kretschmann, Karl Friedrich (1738-1809) dt. Dichter 203
Krünitz, Johann Georg (1728-1796) dt. Enzyklopädist, Naturwissenschaftler 19, 69, 73, 74, 75, 82, 86, 101, 102, 109, 114, 129, 138, 166, 207
Kuhn, Adalbert (1812-1881) dt. Indogermanist 35, 111, 127
Kürenberger, der von (13. Jh.) dt. Dichter 54
Lessing, Gotthold Ephraim (1729-1781) dt. Dichter, Dramatiker 183
Lichtwer, Magnus Gottfried (1719-1783) dt. Dichter, Jurist 71
Linné, Carl von (1707-1778) schwed. Naturwissenschaftler 18, 22, 37, 198
Livius, Titus (59 v.Chr.– um 17. v.Chr.) röm. Geschichtsschreiber 66
Lonicerus (Adam Lonitzer) (1528-1586) dt. Naturforscher 162, 182
Löns, Hermann (1866-11914) dt. Schriftsteller 78, 106, 123
Luther, Martin (1483-1546) dt. Reformator 5, 46, 46, 79, 113, 119, 125, 138, 150, 170, 202
Mathesius, Johannes (1504-1565) dt. Pfarrer, Reformator 51

204

Megenberg, Konrad von (1309-1374)
dt. Philosoph, Naturwissenschaftler 119, 121, 123, 130, 131, 162, 186
Meier, Ernst Heinrich (1813-1866) dt. Orientalist, Märchensammler 47
Morgenstern, Christian (1871-1914) dt. Schriftsteller 115
Murner, Thomas (1475-1537) elsäss. Dichter 46
Musäus, Johann Karl August (1735-1787) dt. Schriftsteller 151, 179
Ovid; Publius Ovidius Naso (43 v.Chr. - 17 n.Chr.) röm. Dichter 38, 66, 150
Paracelsus (Philippus Theophrastus Aureolus Bombast von Hohenheim) (1493-1541) schweiz. Arzt, Astrologe, Mystiker 39
Paullini, Christian Franz (1643-1712) dt. Arzt, Schriftsteller 62
Pfeffel, Gottlieb Konrad (1736-1809) dt. Schriftsteller, Militärwissenschaftler 70
Plinius, Gaius (Plinius d.Ä.) (um 23 - 79) röm. Gelehrter 10, 19, 38, 66, 79, 102, 118, 122, 134
Plutarch (45-125) griech. Schriftsteller 38, 95
Reuter, Fritz (1810-1874) dt. Schriftsteller 167, 186
Roth, Eugen (1895-1976) dt. Dichter 199
Sachs, Hans (1494-1576) dt. Dichter, Meistersinger 43, 55
Salis-Seewis, Johann Gaudenz von (1762-1834) schweiz. Dichter 203
Sappho (zwischen 630 bis 612 - um 570 v.Chr,) griech. Dichterin 159
Scheffel, Joseph Viktor von (1826-1886) dt. Schriftsteller 91
Schiller, Friedrich von (1759-1805) dt. Schriftsteller 47, 51, 67, 78, 94
Schönwerth, Franz (1810-1886) dt. Volkskundler 103
Schönwerth, Franz Xaver (1810-1886) dt. Volkskundler
Schöppner, Alexander (1820-1860) dt. Schriftsteller 79
Seneca, Lucius Annaeus (um 1-65) röm. Philosoph, Naturforscher, Dramatiker 58
Shakespeare, William (1564-1616) engl. Dramatiker, Dichter 118, 182
Silesius, Angelus (Johannes Scheffler) (1624-1677) dt. Dichter 51
Sommer, Emil (1819-1846) dt. Philologe 23
Sommer, Emil Friedrich Julius (1819-1846) dt. Philologe 23
Sprenger (auch Springer), Balthasar (vor 1500 - zwischen 1509/11) Tiroler Afrika- und Indienreisender 39
Stifter, Adalbert (1805-1868) österr. Schriftsteller 87
Storm, Theodor (1817-1888) dt. Schriftsteller 27, 119
Strackerjan, Ludwig (1825-1881) dt. Schriftsteller 23, 47, 122, 126, 139, 151, 167, 175, 186
Suolahti, Hugo (1874-1944) finn. Sprachwissenschaftler 21, 207
Tacitus, Publius Cornelius (um 58 - um 120) röm. Historiker 150
Tertullian(us) (150-230) röm. Schriftsteller 19
Tschechow, Anton Pawlowitsch (1860-1904) russ. Schriftsteller, Dramatiker 115
Uhland, Ludwig (1787-1862) dt. Dichter 186
Vergil (Publius Vergilius Maro) (70 v.Chr. - 19 v. Chr.) röm. Dichter 66

Vogelweide, Walther von der (um 1170 - um 1230) dt. Minnesänger 119
Wachter, Johann Georg (1663-1757) dt. Sprachwissenschaftler 150
Wachter, Johann Georg (1673-1757) dt. Gelehrter, Sprachwissenschaftler 150
Waldis, Burkhard (um 1490 -1556) dt. Dichter 35, 51, 93, 125, 167
Wander, Karl Friedrich Wilhelm (1803-1879) dt. Pädagoge, Sprachforscher 175
Wieland, Christoph Martin (1733-1813) dt. Dichter, Übersetzer 19, 159, 191
Wolf, Christa (1929-2011) dt. Schriftstellerin 191
Zedler, Johann Heinrich (1706-1751) dt. Verleger 10, 22, 58, 135, 207

Benutzte Abkürzungen

ahd. – althochdeutsch
bulg. – bulgarisch
dän. -dänisch
engl. – englisch
finn. – finnisch
frz. – französisch
griech. – griechisch
indog. – indogermanisch
ir. – irisch
isl. – isländisch
ital. – italienisch
jüd. – jüdisch
lat. – lateinisch
mhd. – mittelhochdeutsch
niederl. – niederländisch
norweg. – norwegisch
österr. – österreichisch
poln. – polnisch
portug. – portugiesich
russ. – russisch
schwed. – schwedisch
schweiz. – schweizerisch
span. – spanisch
tschech. – tschechisch
ungar. – ungarisch
vietnam. – vietnamesisch

Verzeichnis der beschriebenen Vögel (deutsch und lateinisch)

Deutsch	Seite	Lateinisch
Adler	8	Aquila chrysaetos
Amsel	12	Turdus merula
Auerhuhn	16	Tetrao urogallus
Bekassine	20	Gallinago gallinago
Dompfaff	24	Pyrrhula pyrrhula
Drossel	28	Turdus philomelos
Eichelhäher	32	Garrulus glandarius
Eisvogel	36	Alcedo atthis
Elster	40	Pica pica
Ente	44	Anas platyrhynchos
Eule	48	Asio otus
Falke	52	Falco peregrinus
Fasan	56	Phasianus colchicus
Fink	60	Fringilla montifringilla
Graugans	64	Anser anser
Hänfling	68	Carduelis cannabina
Haushuhn	72	Gallus gallus domesticus
Kauz	76	Strix aluco
Kiebitz	80	Vanellus vanellus
Kleiber	84	Sitta europaea
Kormoran	88	Phalacrocorax carbo
Kranich	92	Grus grus
Kuckuck	96	Cuculus canorus
Lerche	100	Alauda arvensis
Meisen	104	Paridae
Milan	108	Milvus milvus
Möwen	112	Larus ridibundus
Nachtigall	116	Luscinia megarhynchos
Pirol	120	Oriolus oriolus
Rabe	124	Corvus corax
Rebhuhn	128	Perdix perdix
Reiher	132	Ardea cinerea
Rohrdommel	136	Botaurus stellaris
Schwalben	140	Hirundinidae
Schwäne	144	Cygnini
Spechte	148	Picidae
Sperber	152	Accipiter nisus
Sperling	156	Passer domesticus
Star	160	Sturnus vulgaris
Stieglitz	164	Carduelis carduelis
Storch	168	Ciconia ciconia
Taube	172	Columba livia
Trappe	176	Otis tarda
Uhu	180	Bubo bubo
Wachtel	184	Coturnix coturnix
Wendehals	188	Jynx torquilla
Wiedehopf	192	Upupa epops
Zaunkönig	196	Troglodytes troglodytes
Zeisig	200	Carduelis spinus

Literaturverzeichnis

Adelung, Johann Christoph: Grammatisch-kritisches Wörterbuch der hochdeutschen Mundart. Schönberger, Wien 1808.
Baader, Bernhard: Volkssagen aus dem Land Baden und den angrenzenden Gegenden. Herder'sche Buchhandlung, Karlsruhe 1851.
Bächtold-Stäubli, Hanns; Hoffmann-Krayer, Eduard: Handwörterbuch des deutschen Aberglaubens (10 Bde.). Verlag de Gruyter, Berlin 1927-1942.
Benselers griechisch-deutsches Schulwörterbuch. Bearbeitet von Adolf Kaegi. Druck und Verlag B.G. Teubner, Leipzig und Berlin 1911.
Brehms Tierleben. Kleine Ausgabe für Volk und Schule. Zweite Auflage, neu bearbeitet von Richard Schmidtlein. Bibliographisches Institut, Leipzig und Wien 1902.
Friedreich, Johann Baptist: Die Symbolik und Mythologie der Natur. Verlag der Stahgl'schen Buch- und Kunsthandlung, Würzburg 1859.
Gesner, Conrad: Historia animalium (Thierbuch). Druckerei Froschauer, Zürich 1565.
Grimm, Jacob und Wilhelm: Das Deutsche Wörterbuch. Verlag S. Hirzel, Leipzig 1854.
Herloßsohn, Carl (Hg.) Damen Conversations Lexikon, Volckmar 1834.
Irmscher, Johannes; Renate Johne (Hg.): Lexikon der Antike. VEB Bibliographisches Institut, Leipzig 1978.
Klaus, Siegfried: Die Auerhühner – Tetrao urogallus und Tetrao urogalloides. Die Neue Brehm-Bücherei Bd. 86. Westarp Wissenschaften, Hohenwarsleben 2008.
Krünitz, Johann Georg: Oeconomische Encyclopädie oder allgemeines System der Staats-Stadt-Haus-u. Landwirthschaft, in alphabetischer Ordnung. Joachim Pauli, Berlin 1779.
Lateinisch-deutsches Taschenwörterbuch. Herausgegeben von F.A. Heinichen. VEB Verlag Enzyklopädie, Leipzig 1974.
Lemery, Nicolai: Vollständiges Materialien-Lexicon, darinnen alle und jede Simplicia vorgestellet sind, welche aus denen sogenannten drey Reichen, der Thiere, der Kräuter und der Mineralien, hauptsächlich zu Dienste der Medicin und Apothecker-Kunst genommen und gebraucht. Johann Friedrich Braun, Leipzig 1721.
Lieckfeld, Claus-Peter; Veronika Straaß: Mythos Vogel. Geschichte, Legenden, 40 Vogelporträts. BLV Verlagsgesellschaft, München/Wien/Zürich 2002.
Ludwig, Oskar: Encyclopädie der deutschen Nationalliteratur ( ) Otto Wiegand's Verlags-Expedition, Leipzig 1835.
Müller, Roman: Sprachbewusstsein und Sprachvariationen im lateinischen Schrifttum der Antike. C.H. Beck, München 2001.
Müller-Kaspar, Ulrike (Hg.): Das große Handbuch des Aberglaubens. Carl Ueberreuter, Wien 2007.
Naumann, Johann Friedrich: Naturgeschichte der Vögel Mitteleuropas, Gera 1902.
Paullini, Christian Franz: Kleine, doch curieuse Bauren-Physik. Stößel, Frankfurt a.M. 1705/1719.
Rose, Herbert J.: A Handbook of Greek Mythology. Phaidon Press Ltd. London, 1928.
Schmidt, Thomas (Mitarbeit Robert Wohlleben): Gefiederte Nachbarn. Vögel in Stadt und Garten. Edition Rasch und Röhring im Tecklenborg Verlag. 2001.
Schönwerth, Franz: Aus der Oberpfalz. Verlag Rieger, Augsburg 1857.
Suolahtis, Hugo: Wortgeschichtliche Untersuchung der deutschen Vogelnamen. Trübner. Straßburg, 1909.
Willer, Stefan: Poetik der Etymologie. Akademie Verlag. Berlin, 2003.
Zedler, Johann Heinrich: Grosses vollständiges Universal-Lexicon aller Wissenschaften und Künste. Zedler. Halle und Leipzig, 1732.
Zierling, Clemens; Wolfgang Bauer: Lexikon der Tiersymbolik. Kösel, München 2003.
Zimmern, Graf Froben Christoph von: Zimmersche Chronik. Historien und Kuriosa aus sechs Jahrhunderten deutschen Lebens. Langewiesche-Brandt, Ebenhausen und Leipzig 1911.

Heimische Pflanzen & Tiere

von Ulrich Völkel

ISBN 978-3-939399-41-4

ISBN 978-3-939399-43-8

ISBN 978-3-939399-42-1

ISBN 978-3-939399-44-5

Erhältlich in jeder Buchhandlung zu je 14,95 € oder bei **RHINOVERLAG**
98684 Ilmenau • PF 100 564 • Tel.: 0 36 77 / 466 28-10
Fax: 0 36 77 / 466 28-11 • E-Mail: info@rhinoverlag.de • www.rhinoverlag.de